工程造价人员必备工具书系列

广联达算量应用宝典——土建篇
（第二版）

广联达课程委员会 编

中国建筑工业出版社

图书在版编目（CIP）数据

广联达算量应用宝典.土建篇/广联达课程委员会
编.—2版.—北京：中国建筑工业出版社，2023.7（2025.1 重印）
（工程造价人员必备工具书系列）
ISBN 978-7-112-28820-5

Ⅰ.①广…　Ⅱ.①广…　Ⅲ.①土木工程-计量　Ⅳ.
①TU723.3

中国国家版本馆 CIP 数据核字（2023）第 103647 号

本书中未特别说明的，高度（层高）单位为m，其他为mm。

责任编辑：徐仲莉　王砾瑶
责任校对：芦欣甜　张　颖

工程造价人员必备工具书系列
广联达算量应用宝典——土建篇（第二版）
广联达课程委员会　编

*

中国建筑工业出版社出版、发行（北京海淀三里河路9号）
各地新华书店、建筑书店经销
北京光大印艺文化发展有限公司制版
建工社（河北）印刷有限公司印刷

*

开本：787毫米×1092毫米　1/16　印张：13¾　字数：332千字
2023年7月第二版　　2025年1月第二次印刷
定价：68.00元
ISBN 978-7-112-28820-5
（41194）

广联达课程委员会

序　一

　　从事建筑行业信息化领域20余年，也见证了中国建筑业高速发展的20年，我深刻地认识到，这高速发展的20年是千千万万的建筑行业工作者，夜以继日用辛勤的汗水换取来的。同时，高速的发展也迫使我们建筑行业的从业者需要通过不断学习、不断提升来跟上整个行业的发展进程。在这里，我们对每一位辛勤的建筑行业的从业者致以崇高的敬意。

　　广联达也非常有幸参与到建筑行业发展的浪潮之中，我们用了近20年时间推动造价行业从手算时代向电算化时代发展。犹记得电算化刚普及的时候，大量的从业者还不会使用电脑，我们要先手把手地教会客户使用电脑，如今随着BIM、云计算、大数据、物联网、移动互联网、人工智能等技术不断地深入行业，数字建筑已成为建筑业转型升级的发展方向。广联达通过数字建筑平台赋能行业各参与方，从过去服务于岗位为主的业务模式，转向服务于每个工程项目，深入更多的业务场景，服务更多的客户。让每一个工程项目成功，支持中国建筑业数字化转型成功。

　　数字建筑的转型升级同时会带动数字造价的整体行业发展，也将促进专业造价人员的职业发展。希望广联达工程造价系列丛书能够帮助更多的造价从业者进行技能的高效升级，在职业生涯中不断进步！

广联达高级副总裁　刘谦

序 二

随着科技日新月异的发展以及建筑行业企业压力的增长，建筑行业转型迫在眉睫；为了更好地赋能行业转型，广联达公司内部也积极寻求转型，其中最为直接的体现就是产品从之前的卖断式变为年费制、订阅式，与客户的关系也由买卖关系转变为伙伴关系。这一转型的背后要求我们无论是从产品上，还是服务上，都能为客户创造更多价值。因此这几年除了产品的研发投入，公司在服务上也加大了投入，为了改善用户的咨询体验，我们花费大量的人力物力打造智能客服，24小时为客户服务。为了方便客户学习，我们建立专业直播间，组建专业的讲师团队为客户生产丰富的线上课程，方便客户随时随地学习……一切能为客户增值赋能的事情，广联达都在积极地探索和改变。

工程造价人员必备工具书系列就是公司为了适应客户的学习习惯，帮助客户加深知识体系理解，从而更好地将软件应用于自身业务，我们与中国建筑工业出版社联合打造这套丛书。书本的优势是沉淀知识，可供随手翻阅，加深思考，能够让客户清晰地学习大纲，并快速地建立知识体系，帮助客户巩固自己的专业功底，提升自己的行业竞争力，从而应对建筑行业日新月异的变化。

谨以此书献给每一位辛勤的建筑行业从业者，祝愿每一位建筑行业从业者身体健康，工作顺利！

广联达副总裁　王剑

序 三

　　从事预算的第一步工作是算量，并且能够准确地算量。在科技发展日新月异、智能工具层出不穷的当下，一名优秀的预算员是要能够掌握一定的工具来快速、准确地算量。广联达算量软件是一款优秀的算量软件，学会运用这一工具去完成我们的工作，将会使我们事半功倍。《广联达算量应用宝典——土建篇》整合了造价业务和广联达算量软件的知识，按照用户使用产品的不同阶段，梳理出不同的知识点，不仅能够帮助用户快速、熟练、精准地使用软件，而且还给大家提供了解决问题及学习软件的思路和方法，帮助大家快速掌握算量软件，使大家更好地将软件应用于自身业务中，《广联达算量应用宝典——土建篇》是一本值得学习的好书！

广联达副总裁　只飞

前　言

随着社会互联网及信息化的快速发展，我们获取知识的路径越来越丰富，碎片化的知识和信息时刻充斥着我们的大脑，然而我们的学习力并没有提升，所有的知识仅限于对事物的肤浅认知。在获取信息通道非常便捷的时代，我们如何快速汲取所需要的内容，如何让知识更系统化、更体系化，在这种大背景下，广联达课程委员会应运而生，经过两年的努力，我们根据客户不同阶段的学习需求，搭建了不同系列的课程体系，旨在帮助客户可以精准地学习内容，高效掌握工具软件，从而缩短学习周期。

广联达课程委员会成立于 2018 年 3 月，经过严格的考核机制，选拔了全国各个分支顶尖服务人员共 20 余人。他们在造价一线服务多年，积累了大量的实战经验，面对客户不同的疑难问题，他们都能快速解决，可以说他们是最了解用户核心的那批人。

经过两年的内容生产及运营互动，上百场直播和录播，我们深刻地了解用户不同阶段的学习需求，其中课程和书籍在用户学习成长过程中起着不同的价值和作用，除了课程学习，纸质书籍更是起到知识沉淀的作用，一支笔一本书，随时可以查阅，传统的学习模式其实未必落伍。

2019 年 10 月，我们的第一本书《广联达算量应用宝典——土建篇》与读者见面了，大家既欣喜又紧张，欣喜的是委员会的第一本书在团队的共同努力下终于出版了，期待着每一个读者能够从中收获知识与方法；紧张的是不知道我们的心血能否让广大用户认可。最终我们的书籍反响非常好，得到来自不同行业的用户认可，用户纷纷留言，希望我们尽快输出同系列的其他书籍。

伴随着建筑行业信息化的发展，万事万物快速更新迭代，数字化、信息化这些词语层出不穷，BIM 土建计量平台 2021 正式发版，从产品上给客户带来全新的改变与感受，作为广联达内容输出中心的课程委员会紧急召集团队快速响应，给客户提供最新的第一手学习工具书，对《广联达算量应用宝典——土建篇》进行了重新的梳理，在吸取第一版不足的基础上，进行知识点的进一步梳理，并按照新版产品进行了迭代，让用户朋友们使用起来更方便！

同时针对不同用户阶段，为了使大家系统地掌握造价工具，我们还全新编制了《广联达算量应用宝典——土建篇》的姊妹篇《广联达土建算量精讲宝典——案例篇》，本书通过一个个案例教会大家处理问题的思路与方法，从而使大家在软件使用过程中能够达到融会贯通的效果。

活到老学到老，我们每一天都在不断学习，但如何能够做到有效学习，却是一个不好回答的问题，既然学习是终生的事情，学会学习也是每个人必备的技能，学习是一个过程、一种方法、一套理解事物的体系，学习活动需要集中注意力，需要规划，需要反思，一旦人们懂得如何学习，将会更高效、更深入地掌握所学的专业技能，学习的目标在于成为一个高效的学习者，成为一个高效利用 21 世纪所有工具的人。本书在编排过程中，充分研究了成年人的学习行为、学习方式，在信息纷飞的时代，大家不缺学习资料，不缺学习内容，缺少的恰恰是系统的学习方法，委员会致力于梳理系统的知识，搭建用户不同阶段的学习知识地图，为广大造价从业者提供最便利、最快捷的学习路径！

广联达服务管理部课程委员会　梁丽萍

目 录

第 3 篇　高手系列

▶ 广联达培训课程体系 ──────────◻

广联达课程委员会成立于 2018 年 3 月，汇聚全国各省市二十余位广联达特一级讲师及实战经验丰富的专家讲师，是一支敢为人先的专业团队，是一支不轻言弃的信赖团队，是一支担当和成长并驱的创新团队。他们秉承专业、担当、创新、成长的文化理念，怀揣着"打造建筑人最信赖的知识平台"的美好愿望，肩负"做建筑行业从业者知识体系的设计者与传播者"的使命，以"建立完整课程体系，打造广联达精品课程，缩短用户学习周期，缩短产品导入周期"为职责，重视实际业务需求，严谨划分用户学习阶段，持续深入研讨各业务场景，共同打造研磨体系课程，出版造价人系列丛书，分享行业经验知识等，搭建了一套循序渐进，由浅入深，专业、系统的广联达培训课程体系（图 1）。

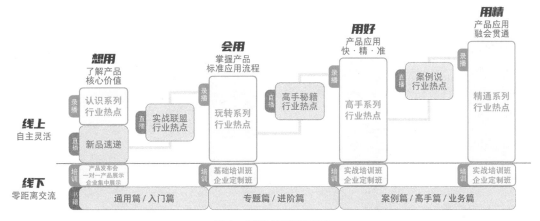

图 1　广联达培训课程体系

经过多方面探讨与研究，用户在学习和使用软件的过程中，根据软件的使用水平不同，可分为想用、会用、用好、用精四个阶段。想用阶段是指能够了解软件的核心价值，知道软件能够解决哪些问题；会用阶段是指能够掌握产品的标准应用流程和基本功能，拿到工程知道先做什么后做什么；用好阶段是指软件应用快、精、准，不仅功能熟练，而且清晰软件原理，知道如何设置能够精准出量；用精阶段指能够融会贯通地应用软件，掌握构件的处理思路，不管遇到何种复杂构件都有清晰的处理思路和方法，从而解决各类工程的疑难问题。

在用户学习的每个阶段，广联达都会给用户提供线上、线下两种形式的课程，线上自主灵活，线下与讲师零距离交流，不同的形式满足不同的学习需求。线下培训主要由各地分公司自主举办，包括产品发布会、各类培训班等，广联达与中国建筑工业出版社合作，出版软件类、业务类等造价人必备工具书系列丛书，方便用户随时查阅。线上课程分为录播课程和直播课程，录播课程没有时间、地点限制，随时随地即可学习，课程内容丰富，对应软件应用的四个阶段，不同阶段提供不同的课程，如了解阶段是认识系列的课程，会用阶段是玩转系列的课程。直播课程是采用直播授课形式的课程，同样根据不同的阶段提供不同的课程，如用好阶段的高手秘籍栏目，用精阶段的案例说栏目。广联达培训课程体系就是这样，根据不同的阶段、不同的需求、提供不同的课程以及学习形式。

广联达培训课程体系旨在帮助用户找到最适合自己的课程，减少学习成本，提高学习效率，缩短学习周期。

第1篇

认识系列

认识系列适用于刚接触软件、想要了解软件核心价值的用户；此阶段内容帮助用户快速了解软件及其能够解决的问题，达到了解软件的效果。

广联达，一家致力于为客户提供数字建筑全生命周期的信息化解决方案，持续引领产业发展、推动社会进步，用科技让每一个项目成功的数字建筑平台服务商。

第 1 章 认识广联达 BIM 土建计量平台

广联达 BIM 土建计量平台，是广联达的主要产品之一，该平台整合了钢筋和土建业务，采用自主研发的图形平台，意在建造整个世界、度量每种可能，针对建造全过程提供全流程、全方位的土建工程计量 BIM 应用与服务，帮助工程造价企业和从业者解决土建专业估概算、施工图预算、施工进度变更、竣工结算全过程各阶段的算量、提量、检查、审核全流程业务，实现一站式的 BIM 土建计量，如图 1-1 所示。

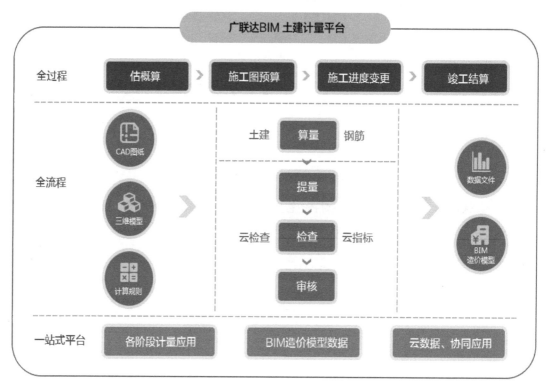

图 1-1 广联达 BIM 土建计量平台

广联达 BIM 土建计量平台核心价值为合、快、准、佳，旨在帮助造价从业者提高工作效率，缩短工程完成周期，保障业务完整性、安全性以及准确性，如图 1-2 所示。

合即为量筋合，也就是钢筋和土建业务进行完美整合，实现四个一：一次建模、一次修改、业务统一、功能统一，减少建模时间，经综合评估可提升工作效率 20%~30%，如图 1-3 所示。

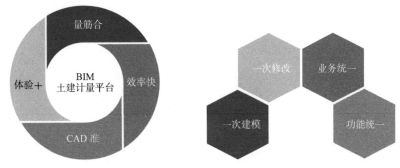

图 1-2　土建计量核心价值　　　　　图 1-3　量筋合

快即为效率快，实现三快：建模速度快、汇总速度快、核量效率高，在实现业务整合已经提效的基础上，再最大化利用电脑资源以及云计算技术，保障效率的提升，如图 1-4 所示。

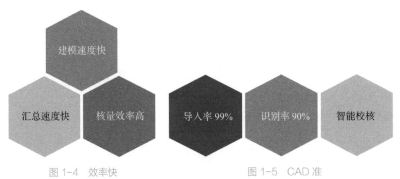

图 1-4　效率快　　　　　　　图 1-5　CAD 准

二维 CAD 图纸作为目前主流的设计载体，可直接导入 BIM 土建计量平台进行识别建模。BIM 土建计量平台针对图纸导入和识别流程进行优化，实现两提：导入率提升至 99%、识别率提升至 90%，同时提供智能校核，提升识别准确率，如图 1-5 所示。

用户体验时代，土建计量坚持以人为本，追求极致体验，带给客户不同的视觉感受和交互体验，以"减少移动距离、减少弹窗、功能更易查看"为设计思路，实现两易：易操作、易上手，如图 1-6 所示。

图 1-6　体验 +

广联达始终坚持以客户为中心，以奋斗者为本，深入理解和分析客户业务，准确识别和挖掘用户需求，不断验证改进，拓展产品的专业深度、细度和智能度，只为给客户提供一个更好的 BIM 土建计量平台。

第 *2* 篇

玩转系列

　　玩转系列适用于已经了解软件价值，但未上手使用软件的用户；此阶段内容帮助用户掌握手绘标准建模的流程及各类构件的处理方法及思路，达到能够快速上手使用软件做工程的效果。

本系列讲解手绘建模的算量流程及构件的处理思路，旨在助力从"了解"达到"会用"的过程，达到能够上手使用软件做工程的目的。

软件整体建模流程与手工建模类似，建模过程即是将图纸信息录入软件的过程。实际算量过程中，为了保障建模效率及算量准确性，建模顺序需要遵循以下原则：

（1）先绘制作为支座的构件，软件可以自动进行支座的判断。比如框架梁以框架柱作为支座，需要先绘制框架柱。

（2）先绘制父图元，后绘制子图元，否则无法进行布置。比如墙面需要布置在墙上，所以建模过程中必须先绘制墙。

（3）为了提高建模效率，对于可以采用"智能布置"功能生成的构件，建议绘制顺序放在关联图元之后进行绘制。比如垫层可以通过筏板基础进行智能布置，所以建模过程中先绘制筏板基础。

（4）对于地上部分和地下部分，本系列的建模顺序为"先地上后地下"，实际工作中可以根据自己的习惯进行调整。

本系列建模流程如图 2 所示。

| 前期准备 | 主体结构绘制 | 基础及土方绘制 | 二次结构绘制 | 装饰工程绘制 | 报表查量 |

图 2 建模一般流程

第2章 前期准备

2.1 识图

算量前期需要大量的准备工作，包括"识图""新建工程""基本设置""新建轴网"等。软件算量流程与手算流程类似，算量开始前需要进行图纸识图：通过结构总说明获取设计规范、抗震等级等信息，通过建筑总说明获取装修、门窗表等信息，通过平面图获取轴网、构件位置等信息，这些信息将从不同角度影响工程量的计算（表2-1）。算量过程中需要将图纸信息准确地录入软件中。

影响因素一览表　　　　　　　　　　　　　　　　表2-1

影响因素	影响结果
设计规范或施工标准图集	影响工程量计算结果
抗震等级、结构类型、檐高、设防烈度	影响搭接锚固长度
楼层、混凝土强度等级、保护层	影响竖向构件或水平构件工程量
装修做法表、门窗表等	计算相应工程量
设计室外地坪标高	影响脚手架、土方等工程量
轴网形式与距离	影响水平构件长度

2.2 新建工程

下载安装本地最新版本的算量软件，新建算量工程（图2-1）。鼠标左键双击打开软件，单击本界面"新建工程"，新建过程中需要注意以下几点：

（1）工程名称的输入，后期保存时软件默认以此名称进行存储；

（2）平法规则的选择，将直接影响钢筋量计算，务必按照工程实际情况及国家现行规范进行选择；

（3）清单定额规则的选择，将直接影响软件计算规则，从而影响工程量，务必根据工程实际情况及当地相关规范进行选择。

图 2-1　新建工程界面

工程新建完成后，进入软件主界面，如图 2-2 所示。

图 2-2　软件界面介绍

软件界面介绍：

（1）菜单栏：按照建模流程设置，包括"开始""工程设置""建模""视图""工具""工程量""云应用"七大部分。

（2）工具栏：提供各菜单栏对应的常用工具。菜单栏中每一个页签对应的工具栏内容不同。

（3）楼层切换栏：用于建模过程中快速切换楼层及构件。

（4）模块导航栏：软件中所有构件均按照类型进行分组显示，切换至对应构件即可进行后续建模操作。

（5）构件列表/图纸管理：构件列表显示当前构件类型下所有构件，如柱类型下 KZ-1、KZ-2 等。图纸管理用于 CAD 识别建模时，使用添加、分割、定位图纸等相关功能。

（6）属性列表/图层管理：属性列表显示当前构件属性内容，比如 KZ-1 的截面尺寸、配筋信息等，可以根据图纸信息直接修改。图层管理用于 CAD 识别过程中图层显示及隐藏操作。

（7）绘图区：模型建立后在此显示。

（8）视图显示框：用于快速切换模型二维和三维显示状态、图元及图元名称显示及隐藏状态等。

（9）状态栏：提供建模过程中的辅助功能，如点捕捉、操作提示等。

2.3　工程设置

工程新建完成后，可以通过"工程设置"页签对当前工程的基本信息进行编辑和完善，包括基本设置、土建设置及钢筋设置。

基本设置包括工程信息及楼层设置。

在工程信息窗体中，包括工程信息、计算规则、编制信息以及自定义属性信息。按照图纸实际情况录入图纸信息（图 2-3）。其中蓝色字体会影响计算结果，属于必填项，需要按照实际情况进行填写。填写过程中，需要注意以下几点：

（1）蓝色字体属于必填内容，浅黄色背景属于不可编辑内容；

（2）该窗体中输入的内容会与报表总内容进行联动；

（3）计算规则选项卡中的清单规则、定额规则、平法规则、清单库和定额库是在新建工程时选择的，不可修改；

（4）工程信息中的"室外地坪相对 ±0.000 标高"将影响外墙装修工程量和基础土方工程量的计算，请按照实际情况填写；

（5）"设防烈度"和"檐高"将影响抗震等级的计算，请按照实际情况填写；

（6）"抗震等级"将影响钢筋的默认锚固搭接长度，从而影响钢筋量的计算，请按照实际情况填写；

（7）自定义中可添加前三个选项卡中没有的属性，如不需要还可随时删除。

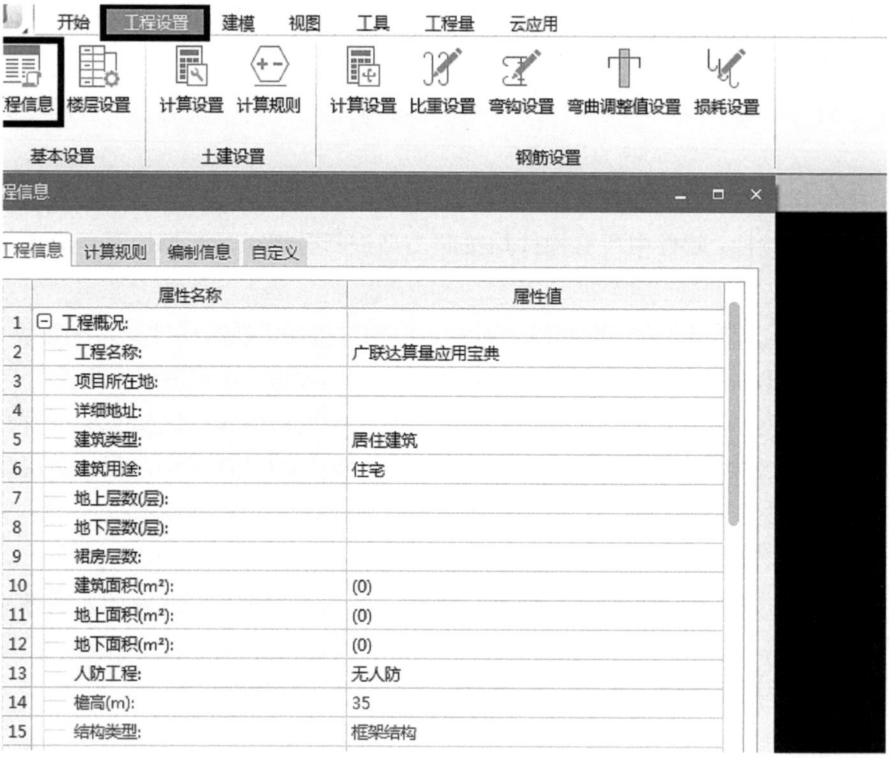

图 2-3　工程信息

2.4　楼层设置

在楼层设置页面，可以对当前项目的单项工程、楼层、混凝土强度和锚固搭接进行设置，如图 2-4 所示。

图 2-4　楼层设置

1. 单项工程列表：可以添加多个单项工程，每个单项工程的楼层、混凝土强度和锚固搭接都可以单独设置。

2. 楼层列表：

（1）插入楼层：可以在当前选中的楼层位置插入一个楼层行，例如：选中基础层后，可以插入地下室层；选中首层后，可以插入地上层。

（2）删除楼层：删除当前选中的楼层，但是不能删除首层、基础层和模型中所在的楼层。

（3）首层：可以指定某个楼层为首层，但是标准层和基础层不能指定为首层。

（4）层高：软件默认层高为 3m，需要根据图纸实际情况进行输入。

（5）底标高：输入首层底标高后，其余楼层底标高会根据层高自动计算。

（6）相同层数：工程中有标准层时，只要输入相同层数的数量即可，软件会自动将编码改为 n~m，标高自动累加（注意：如果工程图纸中 2~8 层的平面图和结构图图纸都是一样的，此时标准层的建立应该是 3~7 层，相同层数输入"5"，因为 2 层和 8 层涉及与上下层的图元锚固搭接，所以要单独进行区分，否则会影响上下层的钢筋量计算）。

3. 楼层、混凝土强度和锚固搭接设置：

可以针对每一层的每个构件单独进行调整。当前层调整完成后，可以使用"复制到其他楼层"功能将当前层设置复制到其他楼层；通过"导出钢筋设置"功能对当前层设置进行导出，在其他工程中使用"导入钢筋设置"功能进行导入，实现快速修改。

2.5 新建轴网

作为协助构件定位的重要构件，轴网需要按照图纸进行准确绘制。操作步骤如下：

1. 新建轴网：在导航栏选择"轴网"构件类型，鼠标左键单击构件列表工具栏"新建"→"新建正交轴网"（图 2-5），打开轴网定义界面。

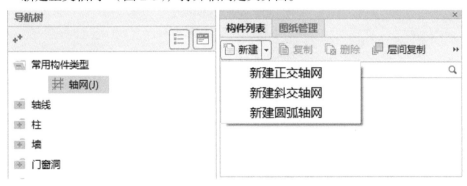

图 2-5　新建正交轴网

2. 调整轴网属性。在属性编辑框名称处输入轴网的名称，默认"轴网 -1"。如果工程轴网由多个轴网拼接而成，可新建多个轴网；定义开间、进深的轴距，软件提供了以下三种方法供选择：

（1）从常用数值中选取：选中常用数值，双击鼠标左键即可。

（2）直接输入轴距：在轴距输入框处直接输入轴距（如 3200），单击"添加"按钮或直接回车，轴号由软件自动生成。

（3）自定义数据：在"定义数据"中直接以","分隔输入轴号及轴距。格式为：轴号，轴距，轴号，轴距，轴号……（如 A,3000,B,1800,C,3300,D）；对于连续相同的轴距也可连乘（例如：1，3000×6，7），定义完成后右侧自动生成轴网预览，如图 2-6 所示。

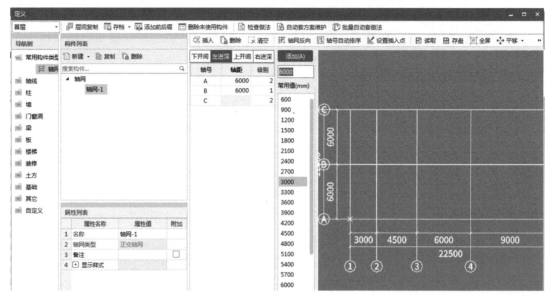

图 2-6　定义轴网

3.绘制轴网。关闭"定义"窗体，采用"点"画方式进行绘制。实际图纸中，轴网绘制完成后，可能出现绘制错误的情况，或者需要对部分轴网的轴号或轴距等进行修改。针对这种情况，软件提供了"轴网二次编辑"的功能，可以对绘制完成的轴网进行编辑和修改，如图 2-7 所示。

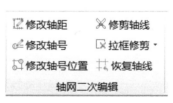

图 2-7　轴网二次编辑

第3章 主体结构绘制

前期准备工作完成后，开始构件的绘制工作。按照建模流程，首先进行主体构件的绘制。

在软件中，所有构件都遵循"新建构件→调整属性→绘制"的处理流程。

构件绘制过程中，按照不同的绘制方式，基本可以将所有构件类型划分为三大类：点式构件、线式构件和面式构件。三种构件类型分别对应三种绘制方式：点式构件（如柱、构造柱、独立基础等），可以采用"点"画或其他方式进行布置；线式构件（如梁、墙等），可以采用"直线"绘制或其他方式进行布置；面式构件（如板、筏板等），绘制范围形成封闭区域时可以使用"点"画，未形成封闭区域时可以使用"直线""矩形"绘制或其他方式进行布置。

3.1 柱

以框架柱为例，通过工程图纸中的柱表（图 3-1），可以获取柱标高、截面和配筋信息。

柱号	标高	b×h（圆柱直径D）	全部纵筋	角筋	b 边一侧中部筋	h 边一侧中部筋	箍筋类型号	箍 筋	备 注
KZ1	基础 ~3.87	400 × 400		4Φ18	1Φ18	1Φ16	1（3×3）	ΦB@100/200	
KZ2	基础 ~3.87	400 × 400		4Φ16	1Φ16	1Φ14	1（3×3）	ΦB@100/200	
KZ3	基础 ~3.87	400 × 400		4Φ16	2Φ16	1Φ14	1（4×3）	ΦB@100/200	
KZ4	基础 ~3.87	400 × 400		4Φ18	1Φ16	1Φ16	1（3×3）	ΦB@100/200	

图 3-1 柱表

按照构件处理流程进行柱的绘制：新建柱→调整柱属性→绘制柱，如图 3-2 所示。

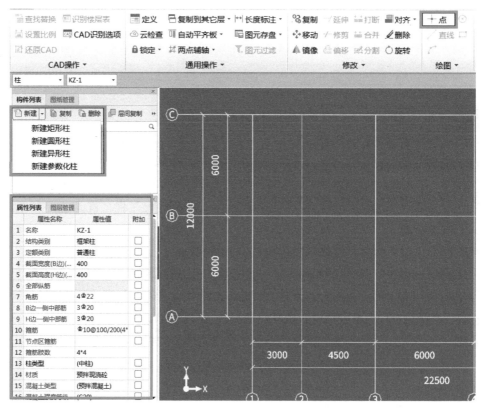

图 3-2　柱处理流程

1. 新建柱：按照图纸中柱类型新建对应的构件。软件中提供了"矩形柱""圆形柱""异形柱""参数化柱"四种类型，满足不同截面要求。

2. 调整柱属性：将图纸中的标高、截面、配筋等信息进行录入。

输入钢筋信息时，不同级别的钢筋可以在软件中使用对应代号快速输入，如图 3-3 所示。箍筋间距"@"可以使用"-"代替。

种类	牌号	符号	软件代号
热轧光圆钢筋	HPB300	ϕ	A
普通热轧带肋钢筋	HRB335	Φ	B
细晶粒热轧带肋钢筋	HRBF335	Φ^F	BF
普通热轧带肋钢筋	HRB400	Φ	C
细晶粒热轧带肋钢筋	HRBF400	Φ^F	CF
余热处理带肋钢筋	RRB400	Φ^K	D
普通热轧带肋钢筋	HRB500	Φ	E
细晶粒热轧带肋钢筋	HRBF500	Φ^F	EF

图 3-3　不同级别钢筋代码表

3. 绘制柱：作为点式构件，柱可以直接采用"点"或"旋转点"功能进行布置。

绘制柱的过程中，软件默认柱中心为插入点。实际图纸中如果柱中心不在轴网交点，称之为偏心柱。针对偏心柱，可以采用快捷键"F4"快速切换插入点，或者通过柱二次编辑中的"查改标注"或"批量查改标注"功能进行处理，如图3-4所示。

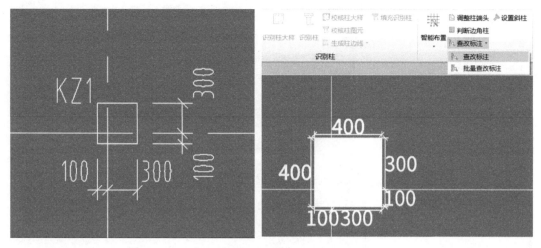

图3-4 偏心柱处理

3.2 墙

以剪力墙为例，通过图纸中的剪力墙墙身表（图3-5），可以获取剪力墙的标高、厚度、配筋信息。

剪力墙墙身表					
编号	标高	墙厚	水平分布筋	垂直分布筋	拉 筋
Q1（2排）	基础~3.870	300	C12@200+C10@200	C12@200+C10@200	Φ6@600

图3-5 剪力墙墙身表

墙的绘制思路与柱一致，如图3-6所示。

1. 新建墙：新建剪力墙时，按照墙体位置和截面形状，软件提供了"新建内墙""新建外墙""新建异形墙""新建参数化墙"四种方式。其中，内外墙属性会影响其他关联工程量如脚手架等的计算，且外墙是否围成封闭区域会对其他依附构件（如保温等）的智能布置产生影响，务必正确选择。

2. 调整墙属性：将图纸信息录入软件中。

3. 绘制墙：剪力墙属于线式构件，可以通过"直线"或其他方式进行绘制。

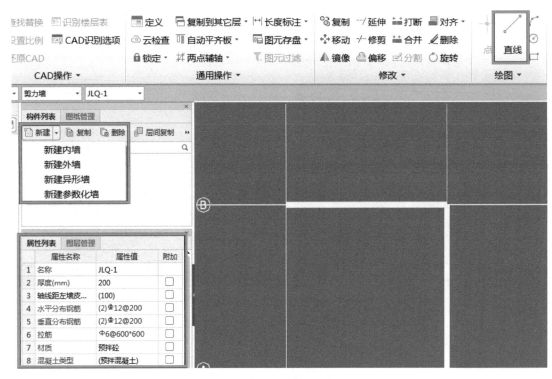

图 3-6 剪力墙处理流程

3.3 梁

以框架梁为例，框架梁的属性信息一般直接在平面图中进行表示。其中钢筋信息包括集中标注和原位标注两部分，如图 3-7 所示。其中集中标注表示一道梁的通用信息，一般用引线引出；原位标注针对的是每一跨单独的信息，一般直接标注在跨内对应位置。

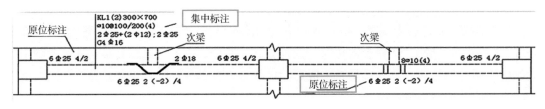

图 3-7 框架梁配筋信息

对于梁配筋表示方法，可以参照表 3-1。

梁配筋表示方法 表 3-1

集中标注	KL（2）300×700	表示 1 号框架梁、两跨、截面宽为 300、截面高为 700
	A10@100/200（4）	表示箍筋为 Φ10 的钢筋，加密区间距为 100，非加密区间距为 200，4 肢箍
	2B25+（2A12）; 2B25	前面的 2B25 表示梁的上部贯通筋为 2 根二级 25 的钢筋，（2A12）表示两跨的上部无负筋区布置 2 根 Φ12 的架立筋，后面的 2B25 表示梁的下部贯通筋为 2 根二级 25 的钢筋
	G4A16	表示梁的侧面设置 4 根二级 16 的构造纵筋，两侧各为 2 根

续表

	两端支座处 6B25 4/2	表示梁的端支座有 6 根二级 25 的钢筋，分两排布置，其中上排为 4 根，下排为 2 根，因为上排有 2 根贯通筋，所有上排只有 2 根二级 25 的属于支座负筋
原位标注	中间支座处 6B25 4/2	表示梁的中间支座有 6 根二级 25 的钢筋，分两排布置，其中上排为 4 根，下排为 2 根，因为上排有 2 根贯通筋，所有上排只有 2 根二级 25 的属于支座负筋。中间支座如果只注一边而另一边不标注，说明两边的负筋布置一致
	梁下部 6B25 2（-2）/4	表示梁的下部座有 6 根二级 25 的钢筋，分两排布置，其中上排为 2 根，下排为 4 根，上排 2 根不伸入支座，从集中标注可以看出，下部有 2 根贯通筋，所以下排只有 2 根二级 25 的是非贯通筋
	吊筋标注 2B18	表示次梁处布置 2 根二级 18 的钢筋作为吊筋
	附加箍筋 8A10（4）	表示梁的次梁处增加 8 根 Φ10 的 4 肢箍

框架梁的处理流程（图 3-8）：

1. 新建框架梁：新建框架梁时，按照截面形状，软件提供了"新建矩形梁""新建异形梁""新建参数化梁"三种方式。

2. 调整框架梁属性：将框架梁的集中标注信息录入软件中。

3. 绘制框架梁：框架梁属于线式构件，与线式构件墙的绘制方式相同。梁绘制完成后，显示为粉色。需要通过"原位标注"将图纸中原位标注信息进行录入。原位标注成功的梁显示为绿色。

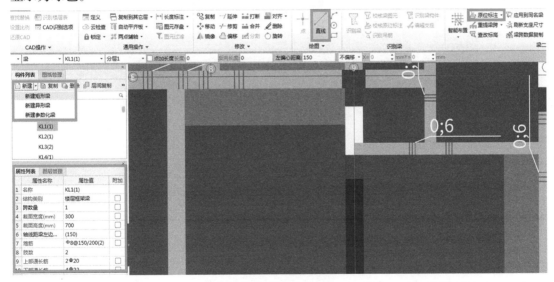

图 3-8　框架梁的处理流程

实际图纸中，主次梁相交处通常有增设附加箍筋或吊筋的要求。针对这种情况，软件提供了"生成吊筋"功能。触发"生成吊筋"功能，按照图纸信息输入吊筋、次梁加筋信息后单击确定，选择需要生成吊筋和次梁加筋的主次梁，即可实现自动生成，如图 3-9 所示。

图 3-9　生成吊筋图

图 3-10　功能动图

软件操作过程中，如果对功能操作不熟悉，可以参照软件提供的功能动图（图 3-10）或状态栏提示进行操作（图 3-11）。

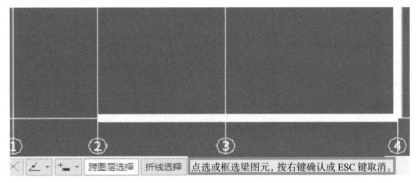

图 3-11　状态栏

3.4　板

以现浇板为例，板构件比较特殊，现浇板与板钢筋需要分开处理。实际工程中可以按照"处理板→处理板受力筋→处理板负筋"的流程进行处理。

1. 处理现浇板（图 3-12）。

（1）新建现浇板。

（2）调整现浇板属性：将厚度、马凳筋等信息准确录入。

（3）绘制现浇板。板构件属于面式构件，采用面式构件绘制方法：如果支座构件（梁、剪力墙等）形成封闭区域，可以直接采用"点"式绘制方法；如果支座构件未形成封闭区域，可以采用"直线"或者"矩形"方法绘制。

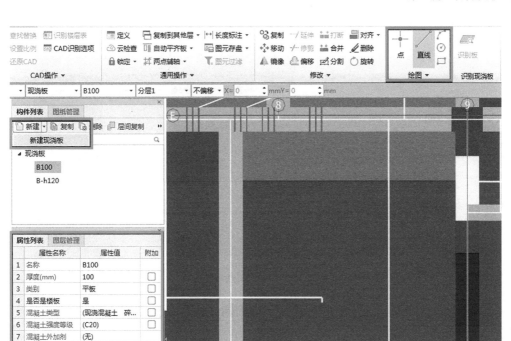

图 3-12 现浇板处理流程

2. 处理板受力筋（图 3-13）。

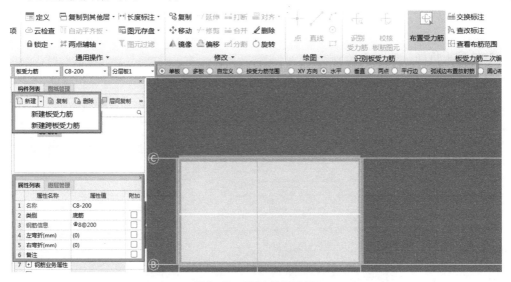

图 3-13 板受力筋处理流程

（1）新建板受力筋。按照布置范围不同，软件提供了"新建板受力筋"和"新建跨板受力筋"两种方式。图纸中的跨板负筋可以采用"跨板受力筋"进行处理。

（2）修改板受力筋属性。将图纸信息录入软件中。

（3）绘制板受力筋。软件提供了多种布置方式，建议采用"XY方向"进行智能布置，无须提前新建受力筋，直接输入各方向底筋和面筋信息，选择板进行布置即可，布置完成后钢筋自动在属性列表反建，如图 3-14 所示。

图 3-14　板受力筋智能布置

　　一块板受力筋布置完成后，可以使用"应用同名板"功能实现同名板的快速布置，如图 3-15 所示。

图 3-15　应用同名板

　　3. 处理板负筋，如图 3-16 所示。

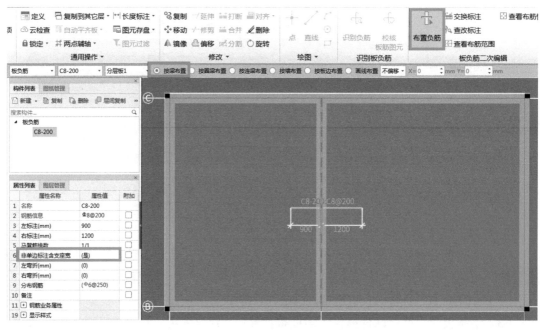

图 3-16　处理板负筋

　　（1）新建板负筋。

（2）修改板负筋属性。其中"非单边标注含支座宽"表示左标注和右标注长度计算的起始位置，会直接影响钢筋长度的计算。设置为"是"表示左标注和右标注从支座中心线算起；设置为"否"表示左标注和右标注从支座外边线算起。一般情况下，图纸设计说明会给出这部分信息，这项属性可以在板负筋属性中修改，也可以在"钢筋设置"/"计算设置"中对整个工程进行统一修改，如图3-17所示。

图3-17 板计算设置

（3）绘制板负筋。软件提供了"按梁布置""按墙布置""画线布置"等六种布置方式。其中，"画线布置"可用于指定范围布置。绘制过程中，可以通过移动鼠标位置切换左右标注方向。

4. 处理板加腋（图3-18）。

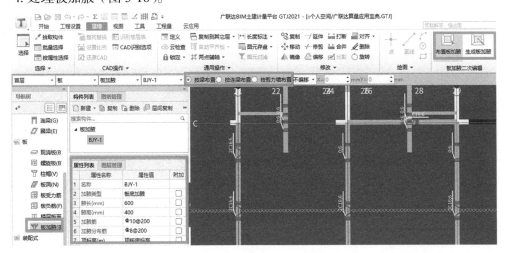

图3-18 板加腋处理流程

（1）新建板加腋。在【板】构件树下方【板加腋】模块中，新建板加腋。

（2）调整板加腋属性。加腋类型中，可选择"板底加腋"及"板面加腋"，输入腋长、腋高、加腋筋及加腋分布筋信息，顶标高默认为板底标高，可按实际进行修改；板计算设置及节点设置中，加腋筋和分布筋的起步距离、根数计算公式及构造可以按照实际工程灵活设置，如图 3-19 所示。

图 3-19　板加腋设置

（3）绘制板加腋。软件提供了"布置板加腋"和"生成板加腋"功能。"布置板加腋"功能支持按照梁、连梁、剪力墙布置，软件自动捕捉梁墙边，点击鼠标左键即可布置成功；如果工程较大，还可以使用"生成板加腋"（图 3-20）功能，按照梁、连梁或剪力墙自动生成。

图 3-20　生成板加腋

（4）汇总计算，查看工程量。板加腋体积并入板进行计算，如图 3-21 所示；板加腋钢筋部分单独计算，可查看钢筋三维图，如图 3-22 所示；且板受力筋计算时自动扣减加腋部分，如图 3-23 所示。

查看工程量计算式   _ □ ×

工程量类别

◉ 清单工程量   ○ 定额工程量

构件名称: B-h120

工程量名称: [全部]

计算机算量

体积=((6.9<长度>*3.65<宽度>)*0.12<厚度>)+1.476<加板加腋体积>-0.3897<扣梁>=4.1085m³

底面模板面积=(6.9<长度>*3.65<宽度>)-7.14<扣板加腋模板面积>+8.5812<加板加腋外露模板面积>-0.162<扣柱>-3.1125<扣梁>=23.3517m²

侧面模板面积=((6.9<长度>+3.65<宽度>)*2*0.12<厚度>)-0.144<扣柱>-0.402<扣砌块墙>-1.206<扣现浇板>=0.78m²

超高模板面积=(18.045<原始超高模板面积>+8.5812<超高模板面积加板加腋外露模板面积>-0.162<扣柱>-3.1125<扣梁>)*1=23.3517m²

超高侧面模板面积=(((3.65*0.12)*2+(6.9*0.12)*2)<原始超高侧面模板面积>-0.144<扣柱>-2.01<扣梁>-0.378<扣砌块墙>)*1=0m²

数量=1块

板厚=0.12m

投影面积=(6.9<长度>*3.65<宽度>)-0.16<投影面积扣柱面积>-3.1125<投影面积扣梁面积>-0.315<投影面积扣墙面积>=21.5975m²

图 3-21　板加腋工程量计算式

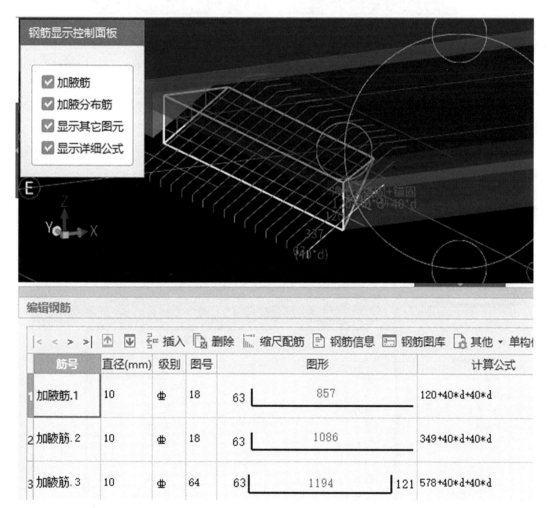

图 3-22　板加腋钢筋三维

筋号	直径(mm)	级别	图号	图形	计算公式
1 加腋筋.1	10	⊕	18	63 ⌐ 857	120+40*d+40*d
2 加腋筋.2	10	⊕	18	63 ⌐ 1086	349+40*d+40*d
3 加腋筋.3	10	⊕	64	63 ⌐ 1194 ⌐ 121	578+40*d+40*d

钢筋显示控制面板

☑ 加腋筋
☑ 加腋分布筋
☑ 显示其它图元
☑ 显示详细公式

编辑钢筋

|< < > >| ⬆ ⬇ ⇥ 插入 删除 缩尺配筋 钢筋信息 钢筋图库 其他 ▾ 单构件

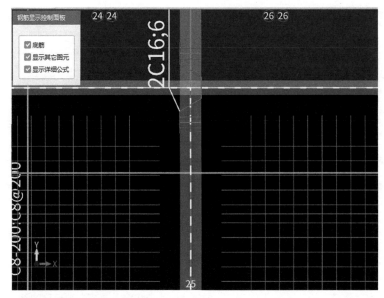

图 3-23 板受力筋钢筋三维

3.5 层间复制

主体构件绘制完成后，若其他楼层部分构件属性及位置与当前层相同，可以通过"从其他层复制"或"复制到其他层"功能完成模型的快速复用。

1. 从其他层复制。切换至其他层，触发"从其他层复制"功能，选择需要复制的图元和需要复制的楼层，点击"确定"按钮即可，如图 3-24 所示。

图 3-24 从其他层复制

　　2. 复制到其他层。在当前层触发"复制到其他层"功能，选择需要复制的图元，点击鼠标右键确定，在弹出的对话框中选择需要复制的楼层，点击"确定"按钮即可，如图 3-25 所示。

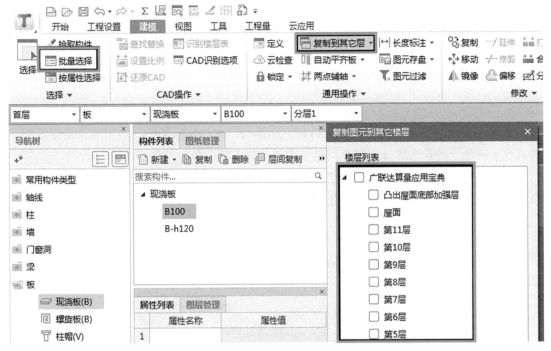

图 3-25　复制到其他层

第4章 基础及土方绘制

基础是指建筑物地面以下的承重结构，如基坑、承台、框架柱、地梁等，是建筑物的墙或柱子在地下的扩大部分，其作用是承受建筑物上部荷载，并传递给地基。

按照基础形式划分，基础类型包括独立基础、筏板基础、条形基础、桩基础等。本章节以独立基础和筏板基础为代表，介绍基础的处理方式。

4.1　独立基础

实际业务中，独立基础形式多种多样，如图 4-1 所示。

（a）　　　　　　　　　　（b）　　　　　　　　　　（c）

图 4-1　基础形式
（a）阶式独立基础；（b）坡式独立基础；（c）条形基础

独立基础处理流程：

1. 新建独立基础（图 4-2）。新建独立基础构件时需要注意，独立基础需要分单元进行建立：首先"新建独立基础"，然后"新建参数化独立基础单元"。以四棱锥台独立基础为例，处理流程为：新建独立基础→新建独立基础单元→选择四棱锥台独立基础单元→修改参数→确定，完成基础的新建。

2. 修改独立基础参数。将图纸信息录入软件中。

3. 绘制独立基础。独立基础作为点式构件，可以直接通过"点"或"旋转点"进行布置。

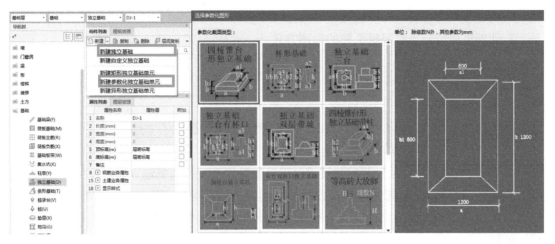

图 4-2　新建独立基础

4.2　筏板基础

　　筏板基础与主体结构中的"板"类似，筏板构件与筏板钢筋需要分开处理。处理流程为：处理筏板→处理筏板受力筋→处理筏板负筋。

　　1.处理筏板。新建筏板基础，修改筏板基础厚度，按照面式构件绘制方式进行绘制。实际图纸中，筏板基础可能会沿轴线外扩一定的距离。绘制完成后，可以使用"偏移"功能对筏板进行整体偏移，如图 4-3 所示。

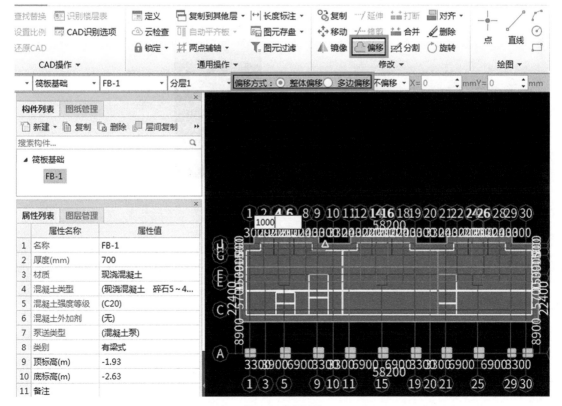

图 4-3　筏板偏移

2.处理筏板受力筋。参照板受力筋的处理方式。

3.处理筏板负筋。参照板负筋的处理方式。

4.3 垫层及土方

1.垫层处理流程：

（1）新建垫层（图4-4）。针对不同的基础类型，软件提供了"点式垫层""线式垫层"和"面式垫层"，可以根据基础类型进行选择。

1）点式垫层。针对独立基础和桩承台设置的垫层类型，需要输入垫层尺寸信息。

2）线式垫层。针对线式构件设置的垫层类型。宽度可以不进行输入，按照基础智能布置时可根据基础尺寸和出边距离自动计算。所有线式基础构件的垫层建议采用"线式垫层"处理。

3）面式垫层。针对点式构件和面式构件设置的垫层类型。不需要输入尺寸信息，按照基础构件智能布置时可根据基础尺寸和出边距离自动计算。所有点式基础构件和面式基础构件的垫层建议采用"面式垫层"处理。

（2）修改垫层属性。按照图纸信息进行录入。

（3）绘制垫层。不同的垫层类型对应不用的绘制方式。实际建模过程中，建议使用"智能布置"功能进行快速布置，如图4-5所示。

图4-4　新建垫层　　　　　　　　　图4-5　垫层智能布置

2.土方

垫层绘制完成后，可以直接在垫层界面点击"生成土方"功能键，在弹框中选择对应信息，点击"确定"，批量选择相应垫层构件，点击"确定"，快速完成土方生成，如图4-6所示。

图 4-6　生成土方

第5章 二次构件绘制

二次结构是在建筑工程主体结构的承重构件部分施工完成以后才进行施工的，相对承重结构而言，二次结构为非承重结构或围护结构，如工程中一些非承重的砌体、构造柱、过梁等。而在软件中，二次结构的绘制多数与前文所述的构件绘制方法一致。如：构造柱的处理方法同柱，采用点式绘制方法；砌体墙的绘制方式同剪力墙，仍然要注意区分内外墙；圈梁同梁，采用线式绘制方法。因与前文绘制方式相同，故不再赘述，本章节重点讲解门窗及过梁的绘制方法。

5.1 门窗绘制

通过图纸中的门窗表（图5-1）可获取名称、洞口宽度、洞口高度、离地高度等信息。

塑钢中空窗	C1818	1800	1800	2				2	900
塑钢中空窗	C1516	1500	1600		11	11×8=88	11	110	900
塑钢中空窗	C0916	900	1600		1	1×8=8	1	10	900
塑钢中空窗	C1216	1200	1600		12	12×8=96	12	120	900
塑钢中空窗	GC1209	1200	900	6				6	1800
塑钢中空窗	C2231	2200	3100	5				5	0

图5-1 门窗表

通过平面图（图5-2）可获取门窗的具体位置。

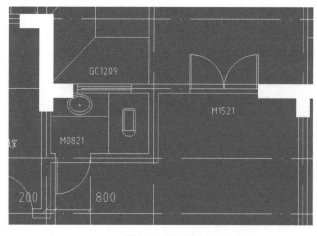

图5-2 平面图

门窗需要在墙体工程绘制完毕后方可绘制，因为门窗是以墙体作为依附构件的。按照构件处理流程进行门窗的绘制：新建门窗→调整门窗属性→绘制门窗，如图 5-3 所示。

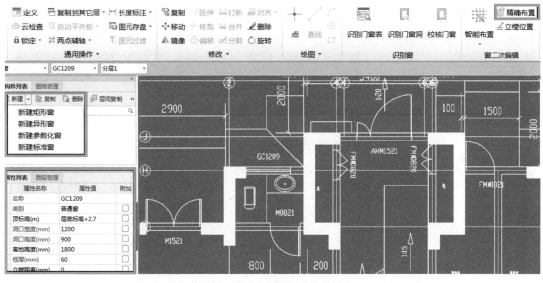

图 5-3　门窗处理流程

1. 新建门窗。根据门窗表信息新建门、窗构件。以窗构件为例，软件提供"矩形窗""异形窗""参数化窗""标准窗"四种类型供大家选择，满足不同的需求。

2. 调整门窗属性。以窗构件为例，在属性中修改窗名称，输入窗的洞口宽度、洞口高度、离地高度等信息。

3. 绘制门窗。采用"精确布置"功能，在墙上设置参考点，输入偏移量后点击回车，绘制完毕。

针对门窗的绘制，除可采用"精确布置"方式外，还可采用"点"画功能。操作方式与前文类似，此处不再赘述。

5.2　过梁绘制

一般可以在结构设计说明中找到过梁的相关信息，如过梁配筋表、过梁配筋大样图等，如图 5-4 所示。

过梁配筋表（混凝土强度等级为 C25）

L	h	a	①	②	③
≤	120	250	2Φ10	2Φ8	Φ8@150
$1000 < L \le 1500$	120	250	2Φ12	2Φ8	Φ8@150
$1500 < L < 1800$	150	250	3Φ12	2Φ8	Φ8@150
$1800 \le L < 2400$	180	250	3Φ14	2Φ10	Φ8@150
$2400 \le L < 3000$	240	350	3Φ16	2Φ10	Φ8@150

图 5-4　过梁配筋表

过梁的处理流程：新建过梁→调整过梁属性→绘制过梁，如图 5-5 所示。

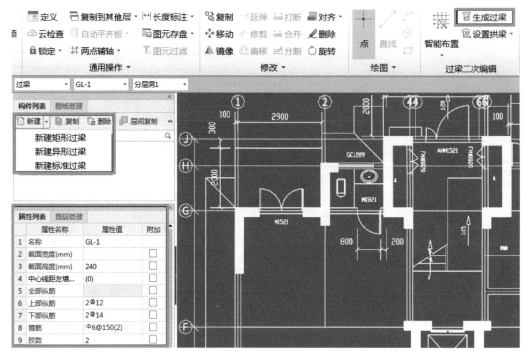

图 5-5　过梁处理流程

1. 新建过梁。根据工程图纸新建过梁构件，软件提供了"矩形过梁""异形过梁""标准过梁"三种类型供大家选择，满足不同的需求。

2. 调整过梁属性及绘制过梁。

采用"生成过梁"功能，属性的调整及过梁的生成是同时进行的。触发"生成过梁"功能后，将图纸过梁配筋表信息录入软件弹框中，即可快速完成过梁属性的调整及绘制，如图 5-6 所示。

图 5-6　过梁绘制

第 6 章 装饰工程绘制

装饰装修需计算的工程量较为繁杂，本章节按照内装修、外装修分别进行说明。

6.1 内部装修绘制

内部装修主要计算各装修构件的面积，包括地面、踢脚、墙裙、墙面、天棚、吊顶、独立柱装修等。通过建筑总说明的装修表可以获取工程的装修信息（图 6-1）。工程区分楼层，按房间分别说明对应的装修内容及材质。为了使装修构件绘制更加高效，软件提供的处理思路为：新建装修构件→新建房间→添加依附构件→布置房间，即可完成整个房间装修的布置。

内装修配置表（做法选自《12 系列建筑标准设计图集》DBJT 19-07-2012 省标 12YJ1）

层数	房间名称	楼（地）面		墙面		顶棚	
一层平面至屋顶层平面	楼梯间、楼梯踏步	陶瓷地砖	楼 201	刮腻子墙面	内墙 5	刮腻子顶棚	顶 3
	电梯井	水泥砂浆压光	地 101	水泥砂浆压光	内墙 1	现浇板基层	
	电梯候梯厅、走廊	陶瓷地砖	楼 201	刮腻子墙面	内墙 5	刮腻子顶棚	顶 3
一层平面	门厅	陶瓷地砖	楼 201	刮腻子墙面	内墙 5	刮腻子顶棚	顶 3
	商业	水泥砂浆拉毛	地 101	混合砂浆墙面	内墙 3	水泥砂浆顶棚	顶 6
二层至一层	门厅	陶瓷地砖	楼 201	刮腻子墙面	内墙 5	刮腻子顶棚	顶 3
	客厅、卧室、餐厅	水泥砂浆拉毛	楼 101	混合砂浆墙面	内墙 3	水泥砂浆顶棚	顶 6
	阳台	水泥砂浆压光	楼 101	水泥砂浆压光	内墙 1	水泥砂浆顶棚	顶 6
	卫生间	防滑地砖	楼 202F	陶瓷锦砖	内墙 7	水泥砂浆顶棚	顶 6
	厨房（不做找坡层）	防滑地砖	楼 202F	陶瓷锦砖	内墙 7	水泥砂浆顶棚	顶 6
屋顶层平面	电梯机房	水泥砂浆压光	楼 101	刮腻子墙面	内墙 5	刮腻子顶棚	顶 3

图 6-1 装修做法表

1. 新建各装修构件。根据装修材料表，对工程涉及的所有装修构件进行定义，如图 6-2 所示。

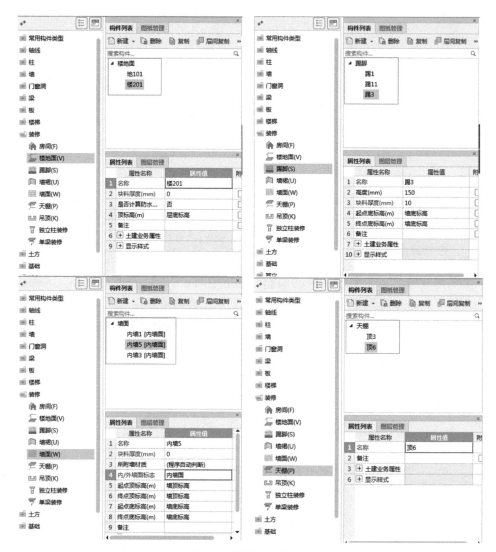

图 6-2　装修构件"新建"

2. 新建房间。根据装修材料表，新建需要布置装修的房间，如图 6-3 所示。

3. 添加依附构件。根据装修材料表，在各房间里添加当前房间涉及的装修构件，如图 6-4所示。

图 6-3　房间新建

图 6-4　添加依附构件

4. 布置房间。以房间为整体进行"点"式绘制,一次性完成该房间各装修构件的绘制,如图 6-5 所示。

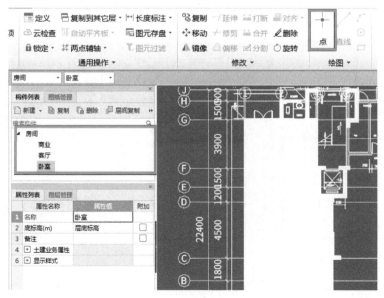

图 6-5　布置房间

6.2　外墙装修

结合图纸的立面图可以获取建筑物外立面装修的做法,如图 6-6 所示。

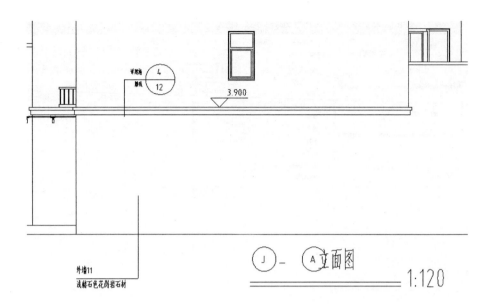

图6-6　立面图

外墙装修的处理流程：新建外墙面→调整外墙面属性→绘制外墙面，如图6-7所示。

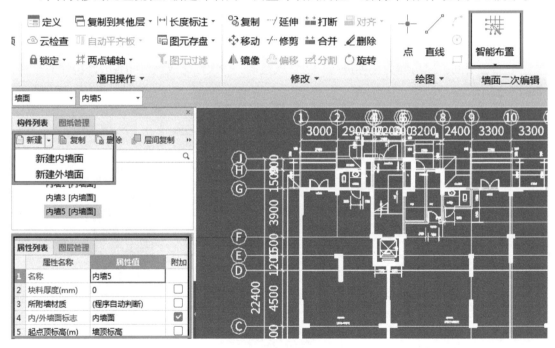

图6-7　外墙装修处理流程

1.新建外墙面。新建墙面时注意区分内墙面、外墙面。

2.调整外墙面属性。根据图纸调整外墙面属性，如名称、标高等。

3.绘制外墙面。外墙面可以采用"点""直线"等功能绘制，操作方法与前文相同。本章节讲解通过"智能布置"绘制外墙面的方法，此功能在软件中可按墙材质、房间、外墙外边线三种方式自动生成外墙面，同时可以选择布置的楼层，如图6-8所示。

图 6-8　绘制外墙面

第7章 零星构件绘制

零星构件涉及内容较多，对于比较复杂的零星构件请参考高手系列，本章节主要讲解楼梯、散水、台阶的绘制方法。

7.1 楼梯绘制

绘制楼梯前首先要清楚楼梯的位置、类型以及楼梯中配置的钢筋信息，可在平面图、楼梯详图、剖面图中进行查看，如图 7-1 所示。

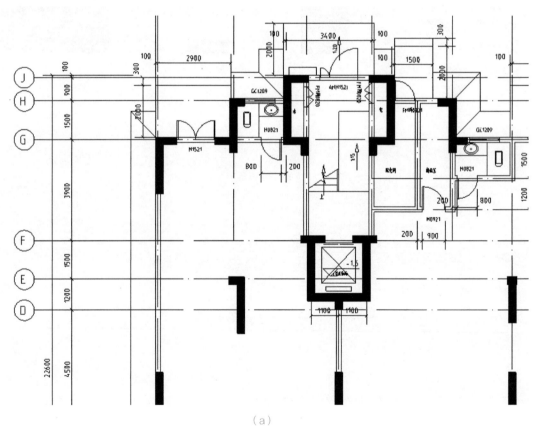

（a）

图 7-1 楼梯图

（a）平面图；

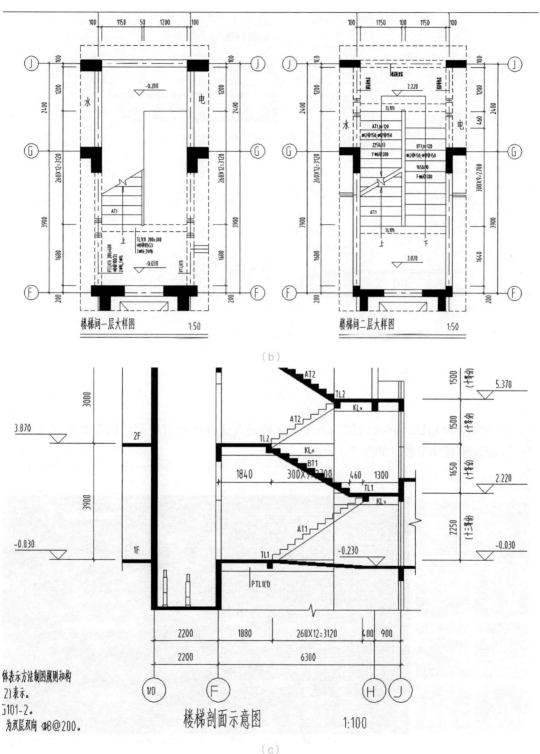

（b）

（c）

图 7-1　楼梯图（续）

（b）楼梯详图；（c）楼梯剖面图

楼梯的处理流程：新建参数化楼梯→调整楼梯属性→绘制楼梯及查量→计算保存。

1.新建参数化楼梯。如图 7-2 所示。

图 7-2　新建参数化楼梯

2.调整楼梯属性。软件内置八种参数化楼梯，选择图纸对应形式的参数图完成新建，根据图纸调整楼梯参数，如图 7-3 所示。

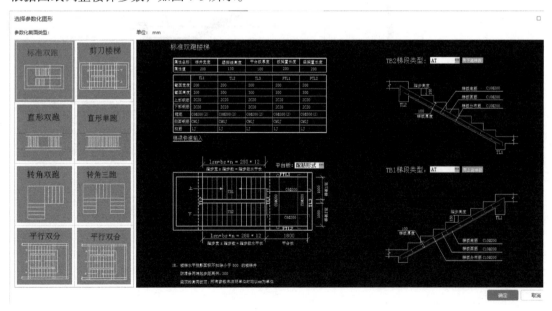

图 7-3　楼梯参数调整

3.绘制楼梯及查量。通过"点"画完成楼梯的绘制。绘制过程中可结合旋转点调整绘制楼梯的方向，绘制完成后即可查看钢筋和土建工程量，如图 7-4 所示。

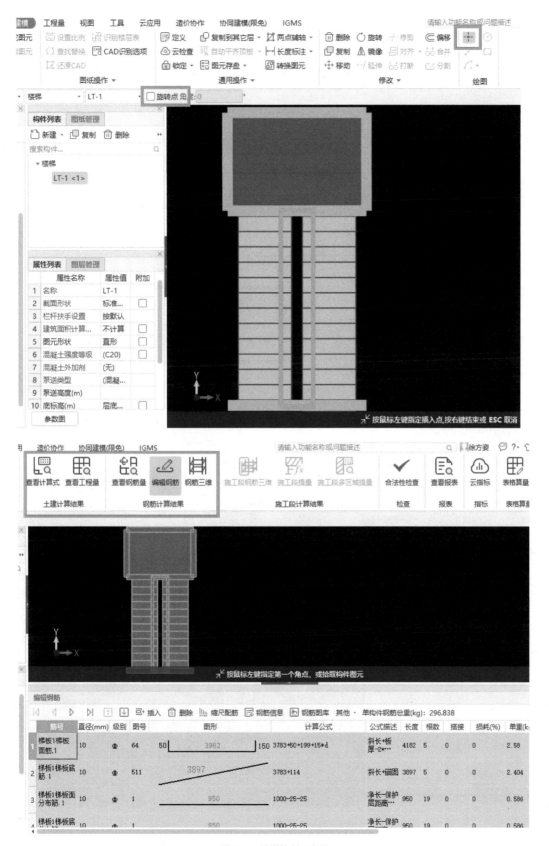

图 7-4　楼梯绘制及查量

7.2　散水绘制

绘制散水前，根据平面图可以确定散水距离外墙外边线的尺寸，如图 7-5 所示。

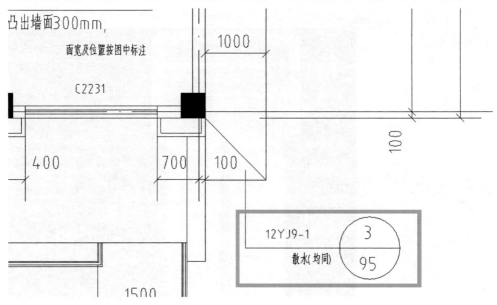

图 7-5　散水平面图

散水的绘制流程：新建散水→调整散水属性→"智能布置"散水，如图 7-6 所示。

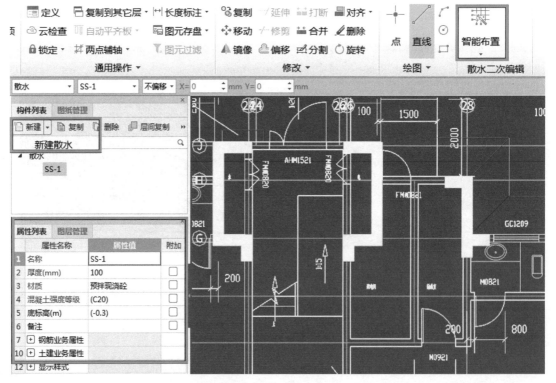

图 7-6　散水处理流程

1. 新建散水。

2. 调整散水属性。根据图纸修改属性信息。

3. "智能布置"散水。散水可以通过"智能布置"功能进行绘制，软件可按照外墙外边线布置，输入散水宽度即可生成，如图 7-7 所示。

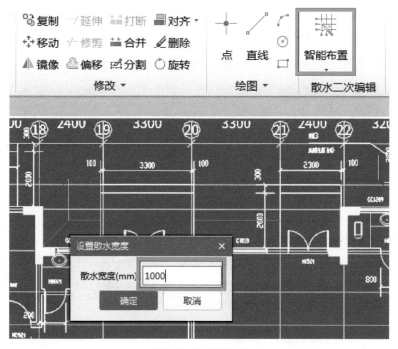

图 7-7　散水智能布置

7.3　台阶绘制

台阶绘制前，可通过平面图了解台阶位置，通过剖面图了解台阶踏步数及高度，如图 7-8、图 7-9 所示。

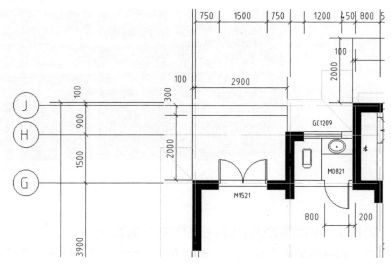

图 7-8　平面图

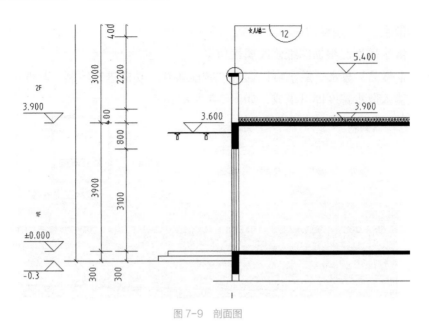

图 7-9　剖面图

台阶的绘制流程：新建台阶→调整台阶属性→绘制台阶，如图 7-10 所示。

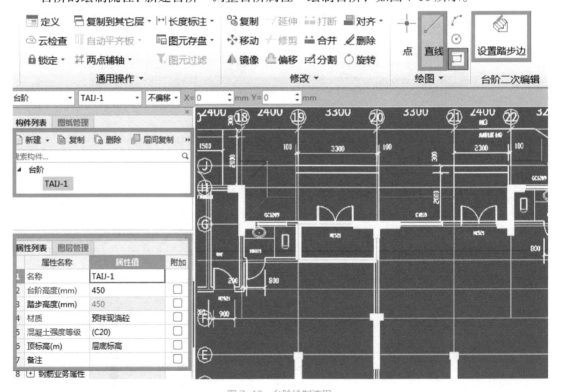

图 7-10　台阶绘制流程

1. 新建台阶。

2. 调整台阶属性。根据图纸对台阶的总高度进行修改。

3. 绘制台阶。台阶可采用"直线"或者"矩形"的方式进行绘制，然后通过"设置踏步边"进行台阶的设置，如图 7-11 所示。

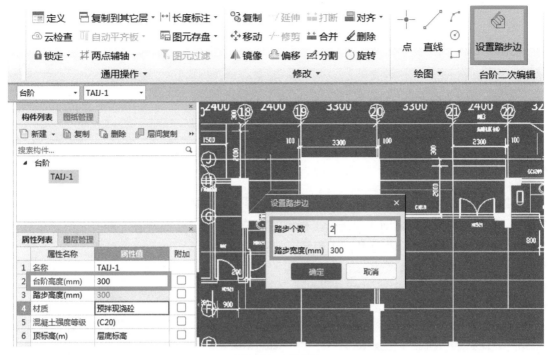

图 7-11　台阶绘制

第8章 报表查量

绘制构件的最终目的是计算工程量，所以工程全部绘制完成后需要进行查量、出量。

1. 出量方式。查量之前先要进行工程量的汇总，采用"汇总计算"即可完成，汇总完成后，通过"查看报表"提取相应工程量，如图 8-1 所示。

图 8-1 汇总计算

2. 查量方式。提取工程量过程中，如果察觉工程量有问题，可借助"报表反查"功能核对工程量，如图 8-2 所示。

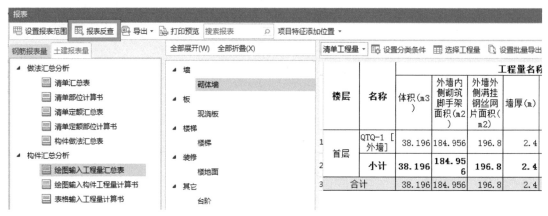

图 8-2 报表反查

玩转系列相关视频二维码

手把手教你绘制土建模型

第 *3* 篇

高手系列

　　高手系列适用于会软件基础操作，但不会 CAD 识别算量、遇到问题没有处理思路的用户；此阶段内容通过实际案例工程，帮助用户掌握 CAD 识别方法、算量技巧及软件计算、设置、出量等原理，达到能够快、精、准使用软件的效果。

高手系列是把大家使用软件过程中经常遇到的问题精选形成专题进行分享，旨在为从"会用"到"用好"的过程中保驾护航，成为您高手进阶的助力。

第 9 章　CAD 导图篇

9.1　CAD 导图原理及流程

9.1.1　CAD 导图原理

CAD 导图的原理与手绘构件的原理非常相似。手绘构件通常遵循三步流程：定义构件→绘制构件→编辑构件。CAD 导图识别主要分为识别表格 / 大样、识别构件和校核，有表格的构件，通过"识别表格"即可完成"定义构件"的流程，再通过"识别构件"完成"绘制构件"建模的流程，最后通过校核编辑修改确保模型的准确性和完整性（图 9-1）。CAD 导图可以提升算量效率，让算量变得更加简单。

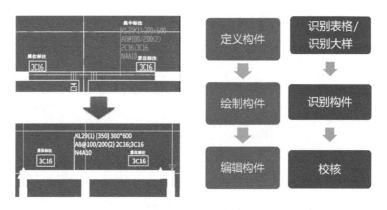

图 9-1　CAD 导图原理

9.1.2　CAD 建模的流程

CAD 建模的流程与手绘建模的流程是相同的，能够用 CAD 建模的构件可以选择使用 CAD 方式建模，CAD 建模流程包括前期准备（图 9-2）及构件识别，本章节讲解前期准备的流程及常见问题，按照构件识别顺序（图 9-2）讲解各构件的识别流程及常见问题。

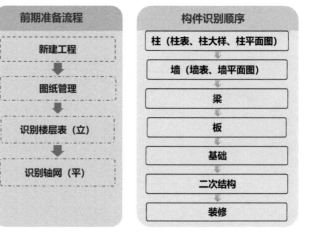

图 9-2　CAD 识别流程

9.2　前期准备流程及常见问题

9.2.1　前期准备流程

在 CAD 建模前的准备工作包括：新建工程→识别楼层表→识别轴网（图 9-3），"工程信息"中抗震等级、"楼层设置"中混凝土强度及保护层厚度等的修改与玩转系列相同。

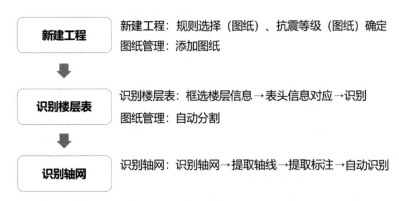

新建工程　　新建工程：规则选择（图纸）、抗震等级（图纸）确定
　　　　　　　　图纸管理：添加图纸

识别楼层表　识别楼层表：框选楼层信息→表头信息对应→识别
　　　　　　　　图纸管理：自动分割

识别轴网　　识别轴网：识别轴网→提取轴线→提取标注→自动识别

图 9-3　前期准备流程

1. 新建工程（图 9-4）：新建工程→计算规则选择→清单定额库选择（借用云计价清单库、定额库）→钢筋规则选择→创建工程。

新建工程	×

工程名称： 工程1

计算规则

清单规则：　房屋建筑与装饰工程计量规范计算规则(2013-江西)(R1.0.34.0)　▼

定额规则：　江西省房屋建筑与装饰工程消耗量定额计算规则(2017)(R1.0.34.0)　▼

清单定额库

清单库：　工程量清单项目计量规范(2013-江西)　▼

定额库：　江西省房屋建筑与装饰工程消耗量定额及统一基价表(2017)　▼

钢筋规则

平法规则：　22系平法规则　▼

汇总方式：　按照钢筋图示尺寸-即外皮汇总　▼

《钢筋汇总方式详细说明》　《计算规则选择注意事项》　　**创建工程**　　取消

图 9-4　新建工程窗口

2. 图纸管理（图 9-6）：切换到"图纸管理"界面，点击"添加图纸"，选择图纸所在位置，点击"打开"即可。

3. 识别楼层表（图 9-5）：识别楼层表（"CAD 操作"里）→框选楼层表，鼠标右键确认→确定楼层信息→删除无用行（楼层表中表头等）→识别。

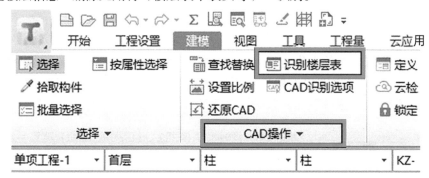

图 9-5　识别楼层表流程

注意：楼层表中没有基础层，"识别楼层表"后点击"楼层设置"，检查楼层信息准确性，输入基础层的层高。修改混凝土强度、保护层厚度等操作与玩转系列的前期准备相同。

4. 识别轴网：

大部分图纸的各层结构图都在同一张 CAD 图纸中，在识别轴网之前，需要将 CAD 图纸进行"分割"操作，在"图纸管理"界面中"分割"按钮下拉选择"自动分割"（图 9-6），软件会自动拆分图纸。部分图纸软件会根据图纸名称自动"对应楼层"，对于"未对应图纸"可手动选择"对应楼层"。

图 9-6　分割图纸

识别轴网流程（图 9-7）：双击墙柱定位图→识别轴网→提取轴线→提取标注→自动识别。

注意事项：

（1）"提取标注"时需要选择完整，包括轴距、轴距标识线、轴号及轴号外的圆圈，这样才能让轴网识别准确。

（2）轴网识别时，大多数图纸轴网使用"自动识别"，对于组合轴网可以使用"选择识别"，"选择识别"操作参考前期准备常见问题。

图 9-7　识别轴网流程

9.2.2　前期准备常见问题

1. 为什么图纸自动分割不出来呢？

对于 BIM 土建计量平台，大部分图纸都可以完成导入并"自动分割"。但也会遇到个别图纸无法"自动分割"的情况，如图 9-8 所示，图纸在设计时由于外围边框线的原因，无法完成"自动分割"。

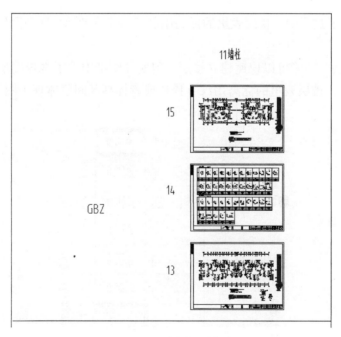

图 9-8　图纸中有外围边框线

处理方法：在 BIM 土建计量平台中删除图纸外框线即可。

（1）点击 CAD 图纸名称后面的锁形图标，解除图纸的"锁定"，如图 9-9 所示。

（2）选择外框线→鼠标右键删除→自动分割。

（3）如果依旧无法"自动分割"，建议"手动分割"图纸。"手动分割"流程：分割→

手动分割→框选图纸→鼠标右键确认→输入图纸名称以及对应楼层→确定。

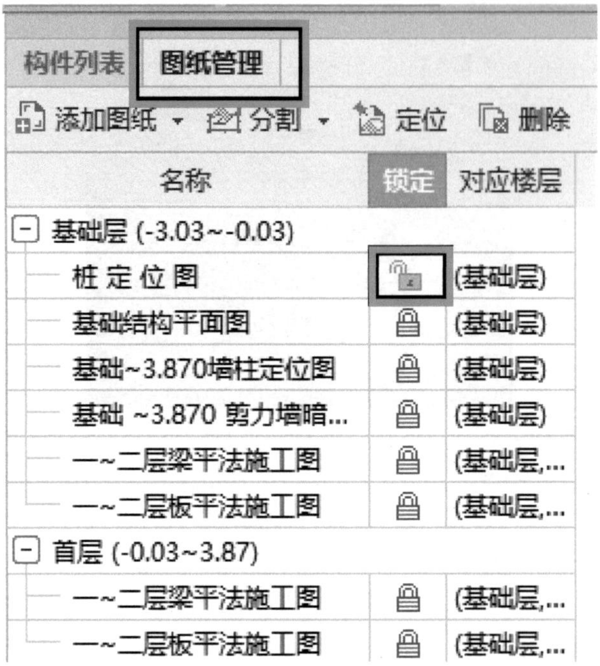

图 9-9　解除图纸锁定

2. 识别楼层表过程中，楼层表里的标高用汉字描述或者标高区间段体现，软件无法识别，如何处理？

"识别楼层表"功能可以快速建立楼层。但实际图纸中除了常规楼层表之外，还存在一些特殊楼层表，楼层表里的标高用汉字描述或者标高区间段体现（图 9-10），软件无法直接识别。

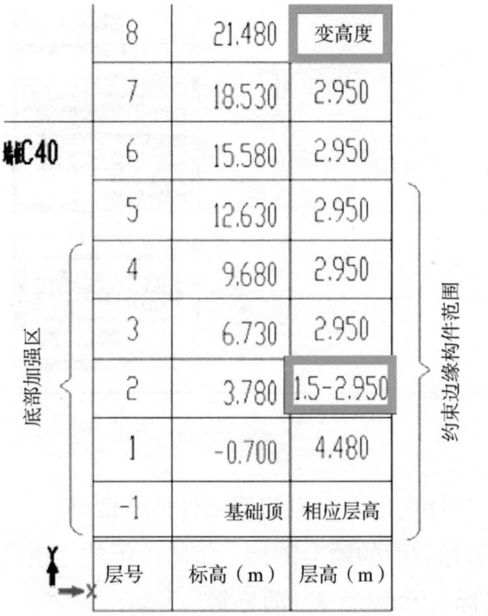

图 9-10　楼层表中存在汉字及跃层的标高区间段

处理方法：

（1）楼层表里的标高用汉字描述："识别楼层表"时，软件无法识别汉字，只能识别数字，需要手动将汉字修改为对应的标高数值或者进行"查找替换"（图 9-11），将汉字替换为数值后再识别。

（2）标高用区间段表示：可以先按照一种标高识别，个别构件的标高不同时，可以通过修改"属性"中的"顶标高"处理；如果相应楼层为错层或夹层，"识别楼层表"后，可以通过软件中的"楼层设置"，添加"单项工程"，快速完成楼层建立工作。

撤销	恢复	查找替换	删除列

编码 ▾	底标高 ▾	层高 ▾
8	21.870	变高度
7	18.870	2.950
6	15.870	2.950
5	12.870	2.950
4	9.870	2.950
3	6.870	2.950
2	3.870	1.5-2.95
首层	-0.7	4.48

图 9-11　查找替换

3.轴网比较复杂，识别出来不完整怎么办？

大多数轴网可以通过"自动识别"完成。对于一些组合住宅、商铺等建筑，轴网比较复杂，"自动识别"的结果不准确。

处理方法：采用"选择识别"（图 9-12）。

"选择识别"操作流程：提取轴线→提取标注→选择识别（按照操作提示：选择第一条和最后一条开间轴线后，通过框选可以选择全部开间轴线；进深的选择方法相同。当一个轴网的轴线都选中后鼠标右键完成识别操作，相同方法再识别另外一个轴网）。

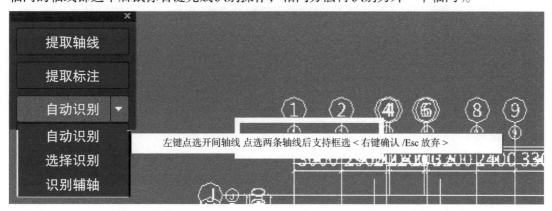

图 9-12　选择识别轴网

9.3　柱

9.3.1　识别柱流程

柱构件识别过程中，主要区分框架柱和暗柱。两者在图纸中的注写方式不同：框架柱通常以柱表注写方式体现；暗柱通常以截面注写方式体现。在软件中，两种注写方式的识别方式不同：柱表注写方式用"识别柱表"完成构件建立；而截面注写方式用"识别柱大样"完成建立。

本案例工程框架柱（柱表）和暗柱（柱大样）同时存在，"识别柱表"相当于手绘建模的"定义"框架柱过程；"识别柱大样"相当于手绘建模的"定义"暗柱过程；"识别柱"相当于将建立好的框架柱、暗柱绘制在平面图上；"校核柱图元"就是软件自动检查柱图元，识别流程如图9-13所示。

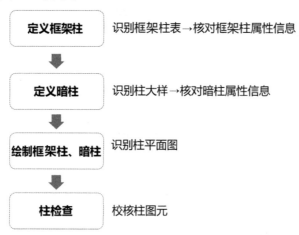

图9-13　柱建模流程图

1. 识别柱表（图9-14）：识别柱表→框选柱表→鼠标右键确认→核对柱属性信息→删除无用行→识别。

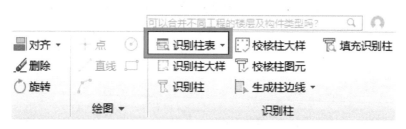

图9-14　识别柱表

2. 识别柱大样（图9-15）：识别柱大样→提取边线→提取标注→提取钢筋线（纵筋、箍筋）→识别（自动识别、点选识别）。

注意事项：

（1）"提取标注"需要提取柱大样图中柱截面信息、配筋信息及柱大样框线，提升识别的准确性。

（2）大部分图纸柱大样可以进行"自动识别"，但部分图纸无法"自动识别"，可以使用"点选识别"，识别方法详见识别柱常见问题。

（3）识别后按软件"校核柱大样"提示的问题进行修改后，为保障钢筋计算的准确性，需要核查软件中暗柱的截面信息和配筋信息，点击"属性列表"左下角"截面编辑"（图 9-19），检查软件识别的信息与 CAD 图中柱大样信息是否相同，"截面编辑"框为非模态窗体（浮动框），可同时查看 CAD 底图及"截面编辑"中的信息，方便对比核实。

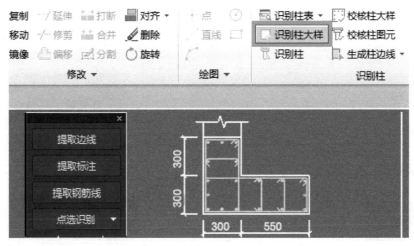

图 9-15　识别柱大样

3. 识别柱平面图：识别柱→提取边线→提取标注→自动识别。

注意事项：

识别后，按照"校核柱图元"信息修改后，需要检查柱位置的准确性，点击"Shift+Z"显示柱名称（图 9-16），检查软件的柱名称与 CAD 底图的柱名称是否相同；如果不相同，鼠标左键选择错误柱，鼠标右键"删除"柱，选择"构件列表"中对应柱构件，"点"画描图（快捷键："F4"切换插入点，"F3"左右翻转，"Shift+F3"上下翻转）。

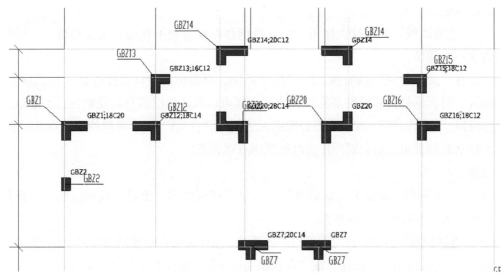

图 9-16　检查柱位置的准确性

9.3.2　识别柱常见问题

1. 钢筋信息中存在汉字以及特殊符号（图9-17），导致识别柱大样后校核有问题，如何处理呢？

处理方法：如果存在此情况应在识别前及时处理，点击"CAD操作"中的"查找替换"→鼠标左键捕捉CAD图中的特殊符号→将特殊符号"替换为"正确的信息，避免出现无法识别或识别后信息不正确。

图9-17　查找替换

2. 提取柱大样过程中，柱边线不在同一图层时如何处理？提取标注之后还是无法识别柱大样应如何处理？

处理方法：

（1）"提取边线"时，柱大样里的柱，可能存在柱边线不在同一图层的情况，提取时注意边线不要漏提。

（2）在"提取标注"的时候，注意尺寸标注、钢筋标注和柱大样边框一同提取，"提取钢筋线"时，纵筋点和箍筋都需要提取，这样可以保证提取信息的完整性，大多数图纸柱大样可以"自动识别"。如果少部分图纸无法使用"自动识别"，可以使用"点选识别"。

3. 什么时候采用自动识别？什么时候采用点选识别？

处理方法：

（1）"自动识别"是提取信息后软件自动辨别图层内容，批量生成相应构件，批量生成暗柱后，统一进行核查，效率高。

（2）"点选识别"主要是针对图纸信息不明确、软件无法自动辨别内容时，可以使用"点选识别"，一次只识别一个暗柱，在"点选识别柱大样"框中核查信息，效率稍低。

（3）"点选识别"流程（图9-18）：提取边线→提取标注→提取钢筋线→点选识别→点

击柱大样边线→核对柱钢筋信息→确定。

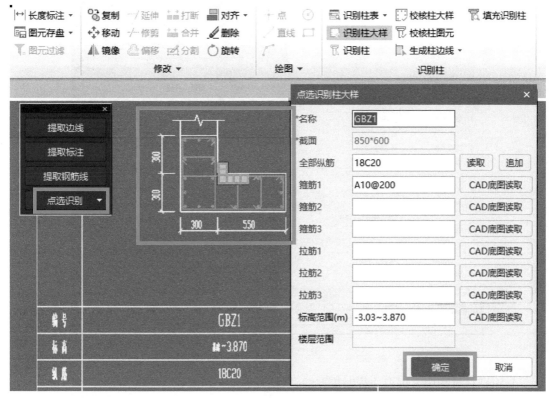

图 9-18　点选识别柱大样

4. 校核柱大样过程中提示有未使用的标注和纵筋信息有误，应如何处理？

处理方法：

（1）未使用的标注的问题，顾名思义就是没有使用该标注信息生成钢筋属性。处理这种问题有两种办法：①"点选识别"；②直接在"属性"中修改。

（2）纵筋信息有误的问题，一般是截面中的纵筋数量和标注内容不符，软件是按照大样图中的纵筋数量进行识别的。此时可以联系设计人员核实情况，如果需要修改钢筋信息，通过"截面编辑"直接修改：选择"纵筋"，框选需要修改的纵筋，在"钢筋信息"中输入正确的配筋信息（箍筋方法与纵筋相同），如图 9-19 所示。

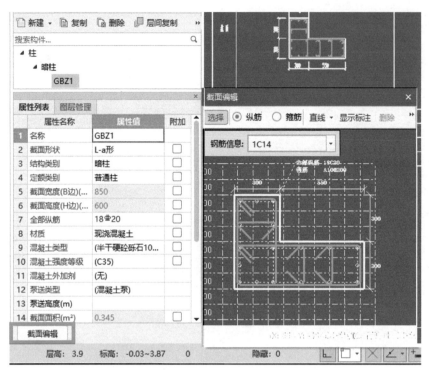

图 9-19　截面编辑

5. 识别柱过程中，提取边线时需要注意哪些问题？

处理方法：

（1）墙柱平面图中，柱边线和剪力墙边线通常都是重合的，"提取边线"时可以选择柱端头的线，避免墙线也被提取，如图 9-20 所示。

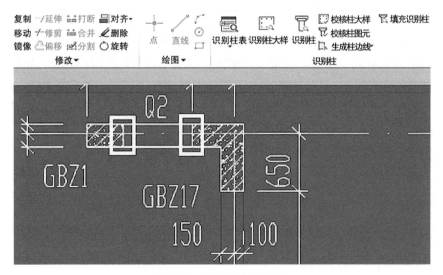

图 9-20　选择柱端头的线提取

（2）柱边线不在同一图层时，可以一次性选择不同图层或者多次"提取边线"，保证边线提取完整。

6. 实际图纸中有按照填充设计的柱平面图，应如何识别？

处理方法：

（1）把柱中的填充删除：解锁图纸（图 9-9）→按住 Ctrl 键同时用鼠标左键选择填充部分→鼠标右键删除。

（2）使用"填充识别柱"的方式进行识别，如图 9-21 所示。

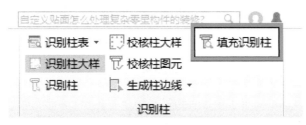

图 9-21　填充识别柱

7. 识别柱和填充识别柱这两种方法，分别是在什么情况下使用？

处理方法：通过柱边线是否封闭以及是否有填充来进行判断。

（1）如果柱边线是封闭的，但是没有填充，采用"识别柱"。

（2）如果柱边线不封闭，但是有填充，采用"填充识别柱"。

（3）如果柱边线既封闭，也有填充，两种方法都可以使用。

9.3.3　柱内容回顾总结

以下是识别柱流程及识别柱过程中常见的问题及处理方法：

1. 导入图纸后首先熟悉图纸，检查图纸标注是否存在问题，通过"查找替换"等方式解决问题，提升后期识别柱的准确性。

2. 框架柱的识别一般按流程操作即可，"识别柱大样"时注意提取的边线及标识的准确性。

3. 软件会自动进行校核，按软件提示修改后，为保证工程量计算的准确性，还需要进行自检。

4. 对于填充柱的处理按相应方式进行识别。

识别柱常见问题总结如图 9-22 所示。

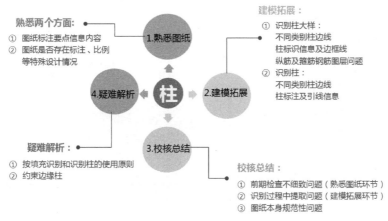

图 9-22　柱构件知识梳理

9.4　剪力墙

9.4.1　识别剪力墙流程

剪力墙构件，在图纸设计中简单易辨识、争议小，因此软件识别也非常简单，按照识别流程操作即可。"识别剪力墙表"相当于手绘建模的"定义"剪力墙，"识别墙"相当于手绘剪力墙，"校核墙图元"相当于软件自动进行墙检查。建模流程：定义墙→绘制墙→墙检查，如图 9-23 所示。

图 9-23　剪力墙建模流程

1.识别墙表（图 9-24）：识别剪力墙表→框选剪力墙表，鼠标右键确认→确认表格信息→删除无用行→识别。

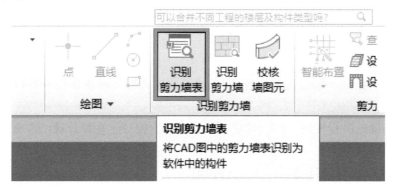

图 9-24　识别剪力墙表

2.识 别 剪 力 墙（图 9-25）：识别剪力墙→提取剪力墙边线→提取墙标识（没有标识的可以忽略此步骤）→提取门窗线（没有门窗线的可以忽略此步骤）→识别剪力墙→勾选识别的墙→自动识别。

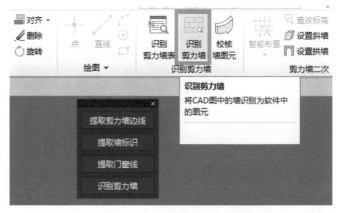

图 9-25　识别剪力墙流程

9.4.2 识别剪力墙常见问题

1.工程图纸中剪力墙表中水平钢筋内外侧不一样，并且分两列显示（图9-26），如何识别？

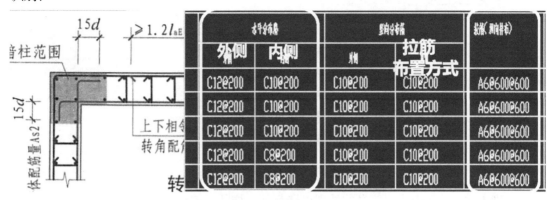

图 9-26 剪力墙内外侧钢筋不一致

处理方法：

（1）工程图纸中剪力墙水平钢筋内外侧不同时，可以用加号连接表示（图9-27），"识别剪力墙表"时，需要手动修改"水平分布筋"信息，改成外侧钢筋+内侧钢筋形式，检查信息无误后，完成识别剪力墙表。

（2）"识别剪力墙"后检查剪力墙图元方向，单击键盘上的"~"显示图元方向，因为钢筋信息是外侧+内侧，剪力墙前进方向的左侧为外侧，右侧为内侧，所以剪力墙图元显示方向需要顺时针显示。如果剪力墙方向错误，选中剪力墙构件，鼠标右键"调整方向"进行修改。

（3）剪力墙其他配筋形式输入可参考"钢筋输入小助手"的提示（图9-27）。"钢筋输入小助手"在剪力墙"属性列表"的水平或垂直筋双击"属性值"中⊡触发。

图 9-27 剪力墙内外侧钢筋不一致

2.完成识别剪力墙，弹出校核窗口。出现未使用的墙边线或者未使用的墙标注（图9-28）应如何处理？

名称	楼层	问题描述
墙边线 1	基础层	未使用的墙边线
墙边线 2	基础层	未使用的墙边线
墙边线 3	基础层	未使用的墙边线
墙边线 4	基础层	未使用的墙边线
墙边线 5	基础层	未使用的墙边线

校核墙图元 ☑ 未使用的边线 ☑ 未使用的标识

图 9-28　未使用的墙边线

处理方法：对于未使用信息的处理思路都是一样的，未使用是指被提取的内容没有生成剪力墙图元，该功能属于提醒作用。

根据校核提示：

对于未使用的边线的提示，双击定位后，可根据实际图纸情况来判断是否补充图元。

对于未使用的标识的提示，同样是起提醒作用，可根据图纸实际情况自主判断。

9.5　梁

9.5.1　识别梁流程

梁构件是主体构件中钢筋种类最多的一种构件，所以导图流程也会相对复杂。"识别梁"只是完成了集中信息的识别，还需要"识别原位标注"，让粉红色的梁变成翠绿色，才算完成梁构件主要钢筋的识别。其他钢筋（比如次梁加筋和吊筋），也可以识别出量，识别梁流程：识别梁→识别梁原位标注→识别吊筋，如图 9-29 所示。

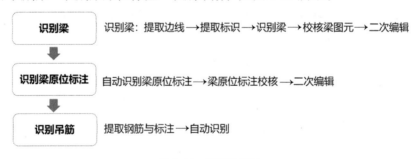

图 9-29　识别梁流程表

1. 识别梁流程：

"图纸管理"中双击切换到梁图，软件会自动定位 CAD 图与轴网重合，但当某些图纸每层轴网不同时，需要手动"定位"（图 9-30）：点击"定位"→点击 CAD 图的定位点→拖动至与 CAD 图相同的定位点→完成"定位"操作。

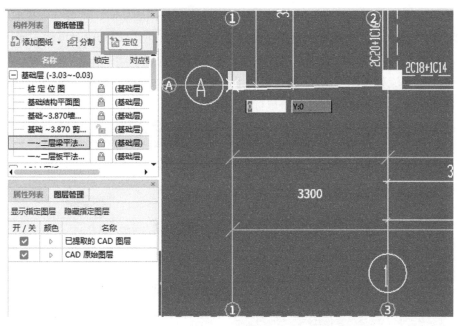

图 9-30　定位图纸

识别梁操作流程（图 9-31）：识别梁→提取边线→提取标注→识别梁（自动识别、点选识别）→校核梁图元→二次编辑。

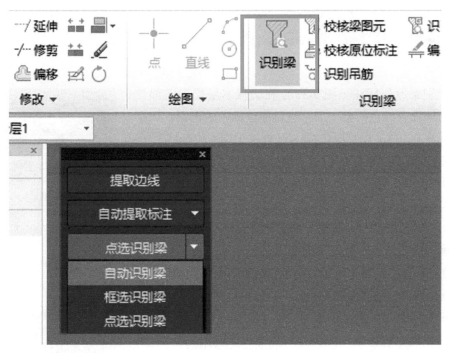

图 9-31　识别梁流程

注意：

（1）提取标注时，集中标注与原位标注在同一图层时使用"自动提取标注"，软件会自动区分集中标注和原位标注；集中标注与原位标注在不同图层时，则可分别提取。

（2）BIM土建计量平台在识别梁上做了很大的优化，所以识别梁时可优先使用"自动识别"，"自动识别"错误或没识别过来的梁，使用"点选识别梁"作为补充。

点选识别梁流程（图9-32）：点选识别梁→点选梁集中标注→鼠标右键确认→选择梁边线（多跨梁只选起跨和末跨即可）→鼠标右键确认。

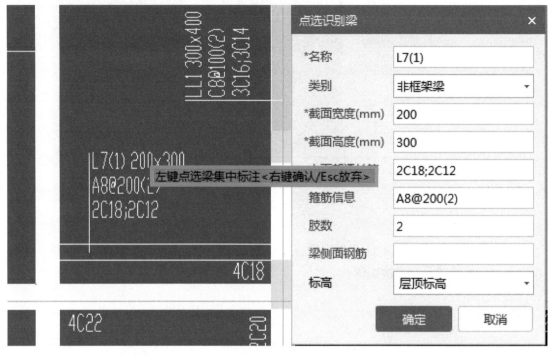

图9-32　点选识别梁

2. 识别梁原位标注（图9-33）：在确保本层梁支座都没有问题（即没有红色的梁）后，进行原位标注的识别，识别梁原位标注有"自动识别原位标注""框选识别原位标注""点选识别原位标注""单构件识别原位标注"四个选项。

（1）"自动识别原位标注"：软件会自动一次性识别梁的全部原位标注，效率高，但识别后梁都变成绿色不易于检查。

（2）"点选识别原位标注"：一次只能识别一个原位标注，识别准确但效率低，一般用于辅助识别。

（3）"单构件识别原位标注"：一次识别一根梁，识别后梁构件显示集中标注与原位标注，可与CAD底图进行对比检查，识别错误时直接在下方的"梁平法表格"中修改，相比"点选识别原位标注"更快速，另外识别前梁为粉红色，识别检查后梁变成绿色，相比"自动识别原位标注"更易于检查，如图9-34所示。

图9-33　识别梁标注

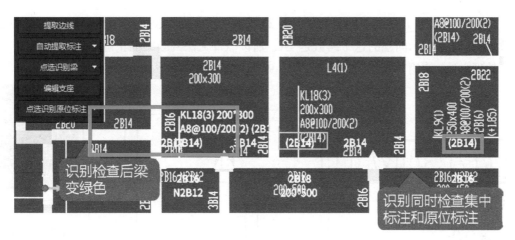

图 9-34　单构件识别原位标注

3. 识别吊筋

当梁的 CAD 平面图上有吊筋及吊筋钢筋标注时，可以使用"识别吊筋"；如果平面图上没有吊筋及吊筋钢筋标注，可以通过"生成吊筋"完成吊筋的计算。

识别吊筋流程（图 9-35）：识别吊筋→提取钢筋线和标注→自动识别。

9.5.2　识别梁常见问题

1. 有的工程中梁图元比较密集，为了标注清晰，一张完整的梁图就会分为 X 向和 Y 向两张梁设计图。这种情况下，如果分开识别，主次梁的支座关系就会出现错误。应当如何处理？

图 9-35　识别吊筋流程

处理方法：在 X 向梁的平面图中选择"添加图纸"下方的"插入图纸"（图 9-36），添加 Y 向梁平面图，Y 向梁平面图进行图纸解锁（图 9-9），框选 Y 向梁图，鼠标右键"移动"，选择 Y 向梁图的定位点，拖动其到 X 向梁平面图的同一个定位点，使两张图纸完全重合，然后再进行"定位""识别梁"等操作。

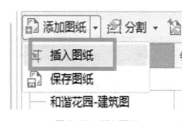

图 9-36　插入图纸

2. 识别梁的过程中，"识别梁选项"中缺少截面、箍筋信息（图 9-37）的原因是什么？

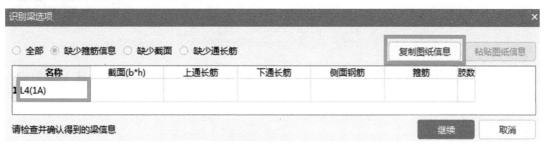

图 9-37　梁识别选项中缺少截面、箍筋信息

这种情况是由于图纸中同名梁的标注跨数不一致（图 9-38）引起的。例如图纸中 L4 跨数为 2，但是提示问题的这个跨数是 1A，所以软件无法判断梁的正确信息。

处理方法：使用"复制图纸信息"（图 9-37）或手动输入。

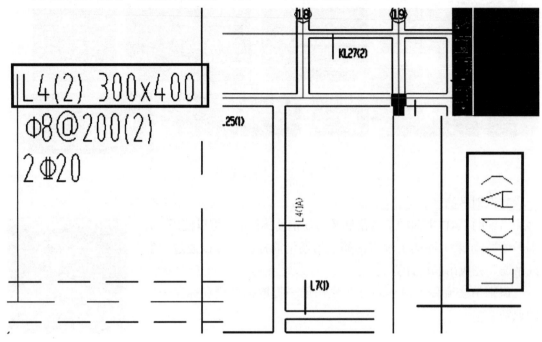

图 9-38　梁的集中标注中梁跨数据不一致

3. 识别梁的过程中，梁缺少通长筋信息是什么原因引起的？

处理方法：如图 9-39 所示，缺少通长筋除与上一个问题情况相同外，还因为图纸本身没有下部通长筋，此时只是起到提示作用，无须修改。

名称	截面(b*h)	上通长筋	下通长筋	侧面钢筋	箍筋	胶数
1 KL3(2)	300*400	2C18			A8@100/200(2)	2
2 KL20(3)	300*600	2C18		G2C14	A8@100/200(2)	2
3 KL21(3)	300*600	2C18		G2C14	A8@100/200(2)	2
4 L2(2)	300*400	2C22			A8@200(2)	2
5 L4(1A)						
6 L4(2)	300*400	2C20			A8@200(2)	2
7 L5(9)	200*500	2C20			A8@200(2)	2

图 9-39　梁的识别选项中缺少通长筋

4. 识别完梁构件后，在校核过程中有未使用的梁边线或者未使用的梁标注（图 9-40），应如何处理？

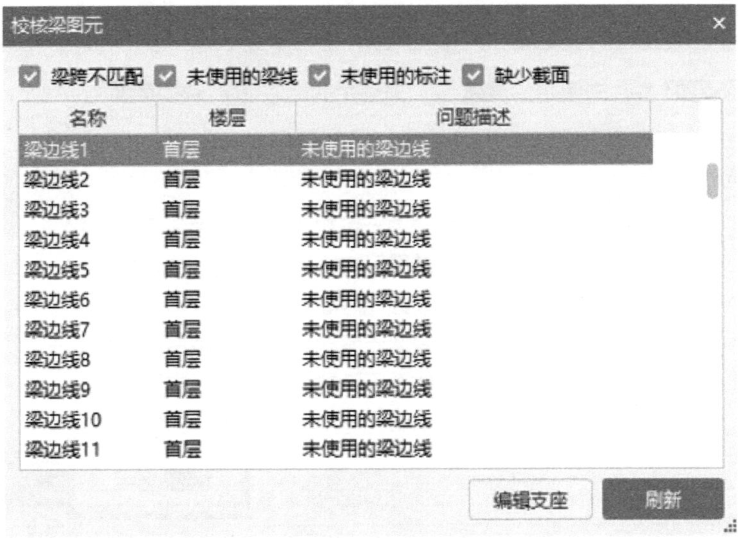

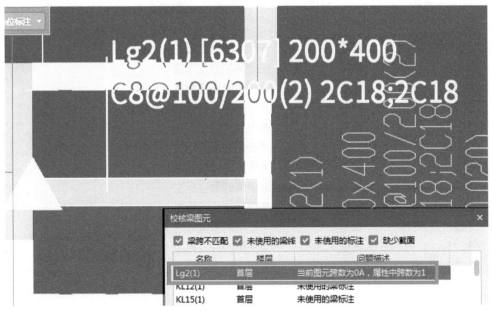

图 9-40　校核梁图元提示未使用的梁边线

处理方法：未使用的梁线和未使用的标注，按照处理方法可以归纳为同一类，处理思路和前面识别柱、墙一样。如果确实有梁边线没有识别过来，使用"点选识别"或者手动绘制；如果都识别过来，可以忽略此提醒。

5. 识别完梁构件后，在校核过程中提示梁跨不匹配（图 9-41），应如何处理？

图 9-41　校核梁图元提示梁跨不匹配

处理方法：通过分析图纸可知，梁 Lg2 的跨数信息是 1 跨，但是识别之后显示为 0A 跨（一端悬挑梁，左侧三角形为支座，右侧无支座），由此可知梁支座识别的不对，可通过"编辑支座"功能来进行调整：Lg2 右侧无支座，单击选择右侧垂直于 Lg2 的梁，可添加支座；如果需要取消支座，单击三角形支座即可，如图 9-42 所示。

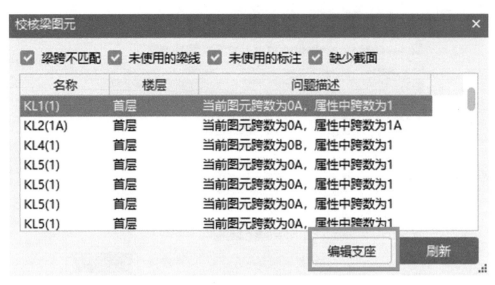

图 9-42　编辑支座位置

6. 自动识别梁原位标注，校核原位标注时提示未使用的原位标注（图 9-43），出现这种情况应如何处理?

名称	楼层	问题描述
2C22/2C18	首层	未使用的原位标注
3C16(TC)	首层	未使用的原位标注
3C16	首层	未使用的原位标注
3C16	首层	未使用的原位标注
3C20	首层	未使用的原位标注
3C14	首层	未使用的原位标注
3C16	首层	未使用的原位标注
3C20	首层	未使用的原位标注
3C20	首层	未使用的原位标注
2C22/2C18	首层	未使用的原位标注
3C25　G2C12	首层	未使用的原位标注
3C18	首层	未使用的原位标注

图 9-43　校核原位标注提示未使用的原位标注

处理方法：产生这个提示的原因是 CAD 图原位标注没有生成软件的原位标注，可以使用"点选识别原位标注"进行识别或者在"梁平法表格"手动输入。

点选识别原位标注（图 9-44）：鼠标左键选择对应梁→选择未识别的原位标注→确认原位标注的位置→鼠标右键确认。

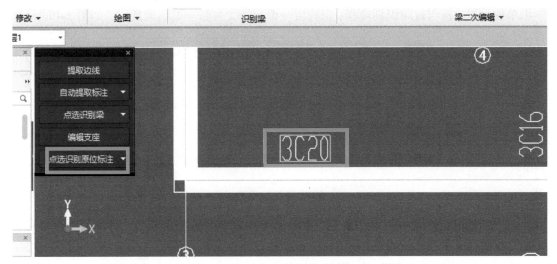

图 9-44　点选识别梁的原位标注

9.5.3　梁内容回顾总结

以下是在梁构件 CAD 识别流程和建模过程中的常见问题以及处理方法:

1. 熟悉图纸,处理好图纸的问题,如 XY 向梁分图的处理,提升识别效率。

2. 识别梁时注意标注及梁边线的正确提取,使用"自动识别梁"结合"单构件识别原位标注",识别梁的效率较高且更便于检查。

3. 梁的其他钢筋(如次梁加筋及吊筋),可以通过识别或生成方式处理。

识别梁过程中的问题总结如图 9-45 所示。

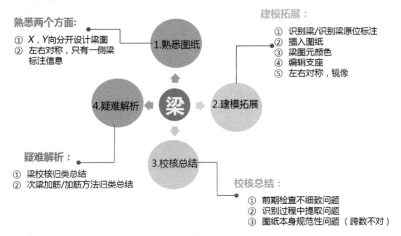

图 9-45　梁构件的知识梳理

9.6　板与板筋

9.6.1　识别板与板筋流程

板构件与其他构件的区别在于,板和板钢筋需要分别处理。板的主要钢筋包括板受力筋、板负筋、板分布筋、板洞加强筋、马凳筋、温度筋、附加钢筋等。其中通过 CAD 识别来处理的一般是板受力筋和板负筋,这两种钢筋可以一起识别;其他钢筋一般需要根据图纸单独设置，板与板筋识别流程：识别板→识别板受力筋→识别板负筋，如图9-46所示。

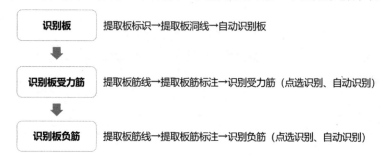

图9-46　板与板筋建模流程

1. 识别板流程（图9-47）：提取板标识→提取板洞线→自动识别板→选择板支座→输入无标注板名称及板厚（按照图纸说明）→确定。

注意：在"提取板洞线"时，可以把板洞、楼梯井、电梯井、管道井的标识线一起提取，这样在识别完成后该位置不会生成板。

2. 识别板筋流程（图9-48）：提取板筋线（主筋及负筋钢筋线）→提取板筋标注→识别（自动识别、点选识别）。

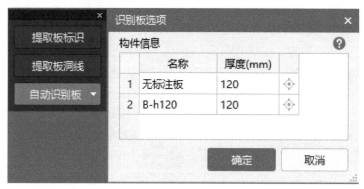

图9-47　板识别流程

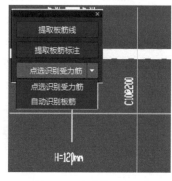

图9-48　板筋线识别流程

注意：

（1）板钢筋识别时要注意"提取板筋标注"，尺寸标注、钢筋信息标注都要提取，没有标注的钢筋信息一般会在图纸说明中注明，所以在识别板筋时会弹出"识别板筋选项"对话框（图9-49），要把无标注钢筋信息及无标注的长度按照图纸输入，这样能减少后期修改的麻烦。

（2）识别受力筋有两种方式："自动识别板筋"和"点选识别受力筋／负筋"。"点选识别受力筋／负筋"一次只能识别

图9-49　识别板筋选项

一根钢筋，识别准确但效率低；"自动识别板筋"可以一次性识别受力筋及负筋，识别时会弹出"自动识别板筋"校核框（图9-50），点击后面◈的图标，软件自动定位CAD钢筋标注位置，检查"钢筋信息"及"钢筋类别"的准确性，如果有不需要识别的钢筋，可以在"钢筋类别"下拉选择空，保证识别板筋的准确性，在BIM土建计量平台中对板筋识别做了优化，建议优先使用"自动识别板筋"。

图9-50 自动识别板筋

9.6.2 识别板与板筋常见问题

1.自动识别板筋后校核出现布筋范围重叠，应如何修改？

处理方法：

（1）面筋：

双击有问题的板钢筋可以定位到模型中（图9-51），图中亮点组成的区域就是板受力筋的布置范围，一块板的一条边由3个亮点组成，拖动3个亮点的中间亮点到正确的定位点，就可以修改钢筋布置范围。

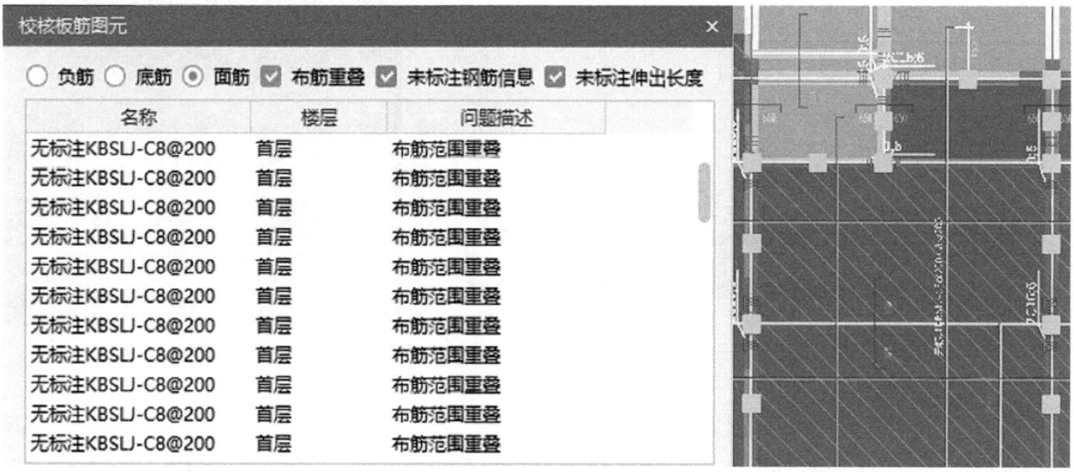

图9-51 面筋布筋重叠

另外对于识别完成后出现的"未标注钢筋信息""未标注伸出长度"的错误提示，如果前面识别时按照讲解的"识别板筋选项"已经输入图纸说明中的钢筋信息，可以忽略提示，如果没有输入则需要检查修改。

（2）负筋：

双击有问题的板钢筋可以定位到模型中（图9-52），点击快捷键"L"将梁隐藏，可以清楚地看到负筋的范围由3个亮点组成，点击两端的亮点拖动到正确的定位点，即可修改负筋范围。

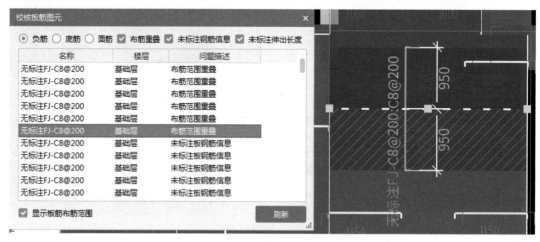

图9-52　负筋布筋重叠

2. 板标高和当前结构层标高不一致时，应如何处理？

在实际工程中有些房间的板有降板要求，比如厨房卫生间的板比结构层降低100mm的高度。

处理方法：

（1）识别完板图元，选中需要调整高度的板，在"属性"中修改"顶标高"（注意顶标高以"m"为单位）即可，如图9-53所示。

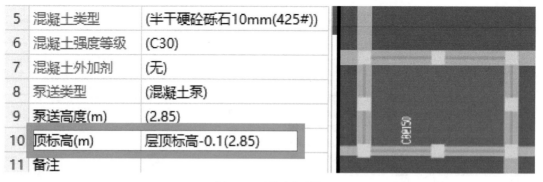

图9-53　板标高修改图

（2）在平法图集《混凝土结构施工图平面整体表示方法制图规则和构造详图（现浇混凝土框架、剪力墙、梁、板）》22G101—1（以下简称《22G101—1》平法图集）第2-60页，有关于局部升降板的很多构造形式，如图9-54所示。

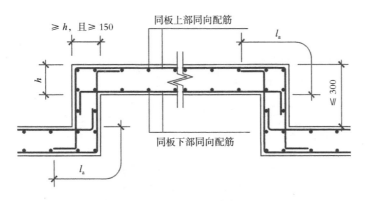

局部升降板SJB构造（一）
（板中升降）

图9-54 22G101平法图集中局部升降板构造

升降板的处理方法（图9-55）：板的标高调整好后，在软件"建模"界面"现浇板二次编辑"模块中选择"设置升降板"功能→选择对应的两块板→点击鼠标右键→在"升降板参数定义"中输入对应数值→确定。

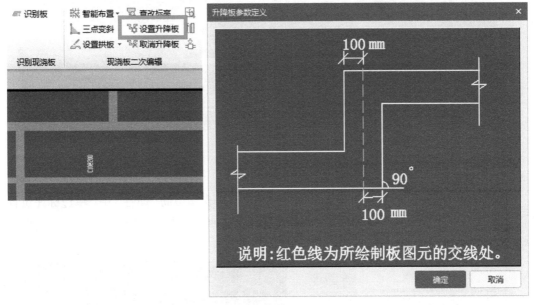

图9-55 设置升降板

3. 识别过程中，提取钢筋线或钢筋标识时提取错误，应如何撤销或还原？

比如在提取钢筋标注时，发现钢筋标注已经在前面识别板时错误提取，无法再次提取。

处理方法：可以使用"CAD操作"模块中"还原CAD"功能（图9-56），"还原CAD"功能相当于"提取"的逆操作，将已提取的边线或标注还原回"CAD原始图层"，这样就可以再次"提取"操作。

"还原 CAD"流程：点击"还原 CAD"→选中需要还原的部分→鼠标右键确定。

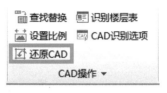

图 9-56　还原 CAD

4. 温度筋应如何处理？

温度筋一般是为了防止温差较大而设置的防裂措施，温度筋与受力主筋搭接长度为 l_l（图 9-57）。

注：1. 在搭接范围内，相互搭接的纵筋与横向钢筋的每个交叉点均应进行绑扎。
2. 抗裂构造钢筋、抗温度筋自身及其与受力主筋搭接长度为 l_l。
3. 板上下贯通筋可兼作抗裂构造筋和抗温度筋。当下部贯通筋兼作抗温度钢筋时，其在支座的锚固由设计者确定。
4. 分布筋自身及与受力主筋、构造钢筋的搭接长度为150mm；当分布筋兼作抗温度筋时，其自身及与受力主筋、构造钢筋的搭接长度为 l_l；其在支座的锚固按受拉要求考虑。
5. 其余要求见本图集第2~50页。

图 9-57　《22G101—1》平法图集第 2-53 页温度筋与受力筋搭接长度

处理方法：在板受力筋构件中"新建板受力筋"构件，将板筋"类别"下拉修改为"温度筋"，点击"布置受力筋"按相应范围布置即可。查看钢筋计算结果"编辑钢筋"中温度筋的搭接长度与平法图集规定一致，如图 9-58 所示。

图 9-58　温度筋布置图

5. 识别板筋后，板负筋标注位置应如何修改？

负筋有两种情况：边支座负筋和中间支座负筋。边支座负筋"属性"中"单边标注位置"（图 9-59）；中间支座负筋"属性"中"非单边标注含支座宽"（图 9-60）。标注位置"属性值"的修改影响负筋长度的计算。

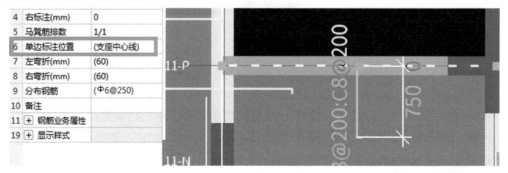

图 9-59　单边标注位置

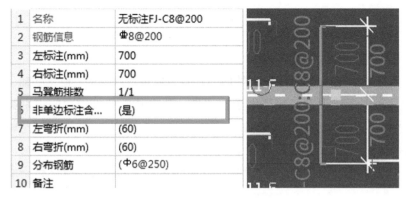

图 9-60　非单边标注含支座宽

处理方法：按图纸要求确定标注位置后，可以在负筋"属性"中单独修改或在"计算设置"中板构件的"计算规则"（图 9-61）针对整个工程批量修改。

25	── 柱上板带/板带暗梁的箍筋加密长度	3*h
26	── 跨板受力筋标注长度位置	支座中心线
27	── 柱上板带暗梁部位是否扣除平行板带筋	是
28	⊟ 负筋	
29	── 单标注负筋锚入支座的长度	能直锚就直锚,否则按公式计算:ha-bhc+15*d
30	── 板中间支座负筋标注是否含支座	是
31	── 单边标注支座负筋标注长度位置	支座中心线
32	── 负筋根数计算方式	向上取整+1

图 9-61　计算设置修改位置

9.6.3　板与板筋内容回顾总结

以下是板及板筋的 CAD 识别流程和在识别过程中遇到的问题及解决方法：

1. 熟悉图纸，如未标注负筋钢筋信息等，在识别时应及时处理，提升识别效率。

2. 掌握修改板主筋及负筋范围的方法，结合"自动识别板筋"，快速完成板筋建模。

3. 掌握温度筋、升降板、负筋标注位置的处理。

对于板及板筋识别的问题总结如图 9-62 所示。

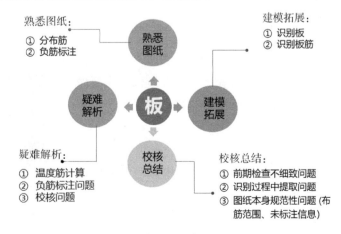

图 9-62　板内容总结图

9.7 基础

识别独立基础流程：

基础种类较多，能通过 CAD 识别处理的基础主要包括基础梁、独立基础、桩承台、桩。基础梁的识别类似于梁识别，桩类似于柱识别，独立基础与桩承台的识别类似。这里主要为大家介绍独立基础的识别，识别独立基础流程：定义构件→绘制构件→检查构件，如图 9-63 所示。

1. 定义独立基础构件：新建独立基础（注意构件名字需要与图纸保持一致）→新建独立基础单元。

2. 识别独立基础构件（图 9-64）：提取独基边线→提取独基标识→识别（自动识别、框选识别、点选识别）。

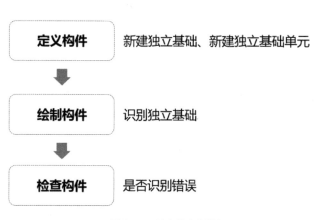

图 9-63 独立基础建模流程

图 9-64 识别独立基础

通过独立基础建模流程，会发现独立基础是手动"定义"后，通过识别的方式完成绘制。之所以需要手动建立，是因为独立基础的形式多样且复杂，如果没有新建独立基础，直接识别，识别的独立基础可能不是实际的基础形式。

有的图纸中会有独立基础表格，独立基础表格形式多样，常见的"对称阶形"和"对称陂形"可以通过"识别独基表"处理。

9.8 二次结构

二次结构是指工程主体承重构件完成后、在装修前需要做的砌体墙、门窗、构造柱、过梁、圈梁等构件，这里主要讲解砌体墙和门窗的识别。

9.8.1 识别砌体墙流程

砌体墙识别流程（图 9-65）：提取砌体墙边线→提取墙标识→提取门窗线→识别砌体墙。

注意：因为很多图纸的门窗位置不再绘制砌体墙边线，但在软件中门窗的位置还需要贯通绘制砌体墙，所以识别砌体墙

图 9-65 识别砌体墙

时一定要"提取门窗线"，这样软件就可以在门窗位置贯通识别砌体墙。

9.8.2　识别门窗流程

识别门窗流程（图 9-66）：识别门窗表→识别门窗洞→校核门窗。

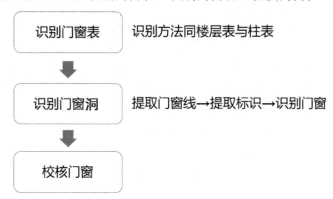

图 9-66　门窗识别流程

（1）识别门窗表（图 9-67）：识别门窗表→框选门窗表、鼠标右键确认→确认门窗信息→删除无用行→识别。

注意："识别门窗表"时要注意修改窗的"离地高度"，如果门窗表里没有"离地高度"，要在识别完成后按照图纸修改窗构件"属性"。

（2）识别门窗洞（图 9-68）：识别门窗洞→提取门窗线→提取门窗洞标识→自动识别。

图 9-67　识别门窗表

图 9-68　识别门窗洞流程图

注意：识别砌体墙时已"提取门窗线"，识别门窗洞时此步骤可忽略。

9.8.3　识别二次结构常见问题

1.在识别砌体墙时，需要注意哪些内容？

处理方法：

（1）首先砌体墙的识别流程和识别剪力墙的思路基本一致，不同的是砌体墙平面图在建筑施工图中，线条相对杂乱，在提取图线时需要注意。

（2）其次就是在识别砌体墙时弹出的"识别砌体墙"（图 9-69）图框中需要检查两个方面的问题：①双击墙名称，检查识别到的图元是否正确；②需要根据图纸设计说明填写正确的墙材质以及钢筋信息等内容。

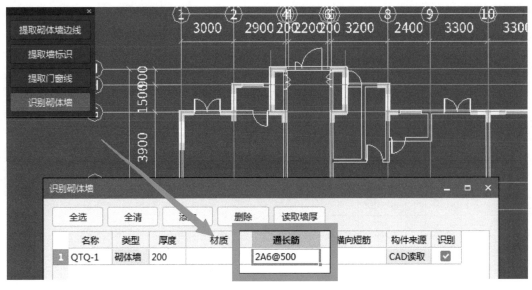

图 9-69 识别砌体墙

图 9-70 判断内外墙

图 9-71 设置判断范围

（3）砌体墙识别完成后，需要注意内外墙的判断，软件可根据墙体的实际位置自动识别内墙和外墙，并修正墙属性中的内外墙标志，确保与内外墙关联工程量的准确性。

处理方法：在绘图选项卡，墙二次编辑中点击"判断内外墙"功能（图 9-70），功能触发后，弹出"判断内外墙"窗口，可设置判断范围（图 9-71）。

软件判断原则：根据墙围成的最大封闭区域判断，位于封闭区域最外侧的墙以及封闭区域外的墙为外墙，位于封闭区域内的墙为内墙。内、外墙以不同的颜色区分显示（图 9-72）。

2. 识别门窗时，门窗线图层在砌体墙中已经提取，导致没有门窗线可提取，应如何处理？

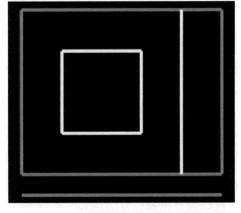

图 9-72 判断原则

处理方法：

（1）因已经在砌体墙中提取过门窗线，可在"识别门窗洞"时省略"提取门窗线"步骤，直接"提取门窗洞标识"，然后"自动识别"。

（2）还原CAD线：点击"还原CAD"→框选需要还原的图纸→鼠标右键确认（图9-56）。

3. 门窗校核，提示未使用的门名称应怎么办？

出现这个问题大多是因为墙体没有完整绘制，门窗没有父图元，所以没有识别过来。

处理方法：图中（图9-73）的洞口两侧识别出两个竖向墙体，先删除一边的竖向墙体，点击"跨图层选择"功能，选择砌体墙，点击两端的亮点拖动至正确位置，完成延伸墙体，然后"点"画或重新识别门窗。

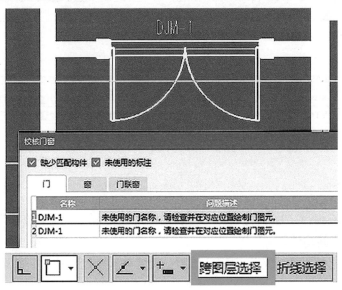

图9-73　未使用的门名称

4. 图纸门窗标识过密，门没有被识别（图9-74）应怎么办？

处理方法：通过手动"点"画门窗图元，绘制上即可。

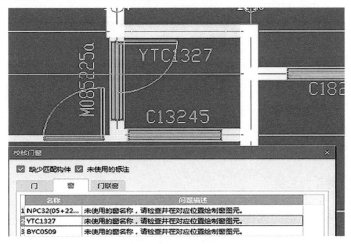

图9-74　门窗标识过密

5. 为什么有些窗边线不能识别（图 9-75）？

处理方法：突出部分为飘窗构件，软件可"新建参数化飘窗"，"点"画出量。

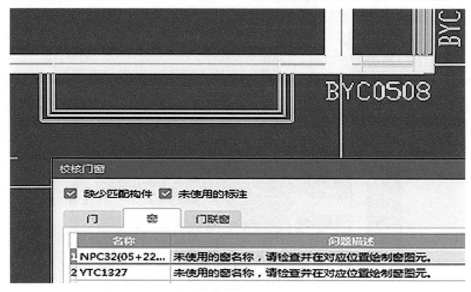

图 9-75　飘窗无法识别

9.9　装修

识别装修表流程：CAD 识别建模处理装修，可以通过"识别装修表"快速新建房间，然后再"点"画房间构件。

识别装修表流程（图 9-76）：识别装修表→核实各构件属性信息→确定→修改各装修构件属性→点布房间。

注意：软件提供"按构件识别装修表"和"按房间识别装修表"两种识别方法，根据建筑图中提供的装修表，采用相应的功能去识别，识别完成后核实各构件属性信息（例如踢脚和吊顶高度），"点"画房间。

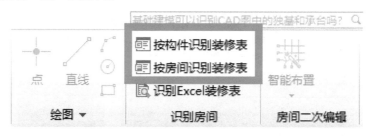

图 9-76　内装修布置图

9.10　CAD 导图篇总结

以上是构件 CAD 识别的流程及各个构件在识别过程中的常见问题，CAD 识别原理是通过提取图纸的边线和标识，自动识别转换成构件和图元，在很大程度上提高了建模效率，但是识别过程中不可避免地会出现一些问题，实际工程中不能完全依赖自动识别，需要结合校核和编辑修改等确保建模的准确性和完整性。识别构件的思路和解决方法如图 9-77 所示。

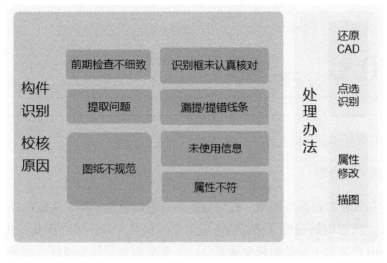

图 9-77　CAD 导图篇总结

CAD 导图篇相关视频二维码

手把手教你学 CAD 导图　　　　土建计量系统化实战课程

第 10 章　建模提升篇

10.1　钢筋设置专题

钢筋设置是软件根据标准图集、施工规范等内置的算量原则，决定构件本身及构件相交的计算方式。所以钢筋设置直接影响算量结果。如果工程图纸与图集或规范要求相符，则无须修改。但是随着工程结构越来越复杂，经常会出现非标准设计。如果想要精准算量就必须学会如何根据图纸调整钢筋设置。遇到以下情况时需要考虑是否调整钢筋设置：

1. 工程绘制前：工程的结构设计说明和节点详图有特殊要求时。

2. 工程绘制后：两个工程模型相同，但是工程量不同时或核查工程量计算结果发现与图纸要求不符时。

本专题将对上述内容展开说明。

10.1.1　设置概述

实际做工程的都会有这样的疑问，汇总方式选择按外皮还是按中心线汇总？剪力墙节点与平法规则不同，应如何设置？软件计算的柱的箍筋比手算的量更多，是软件计算错了吗？实际上这些问题都可以归结为设置的问题，那什么是设置呢？设置是软件内置的规则，是软件的计算原理，是保障计算结果准确的前提。

实际做工程时不是所有的设置都需要修改，需要依据图纸调整：对照设计说明调整软件中的基本设置和计算规则，对照节点大样图修改节点设置。本专题主要讲解影响钢筋量的基本设置、弯钩设置、搭接设置及计算规则（图 10-1），对于节点设置参考绘图设置专题。

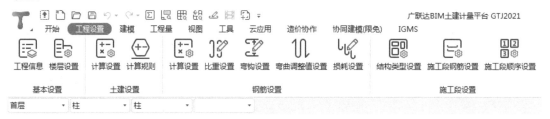

图 10-1　工程设置

10.1.2　基本设置

汇总方式按外皮还是按中心线？

新建工程时，钢筋规则中钢筋"汇总方式"有两个选项，分别是外皮汇总和中心线汇总（图 10-2），实际工程中，应该如何选择？对工程量又有什么影响？

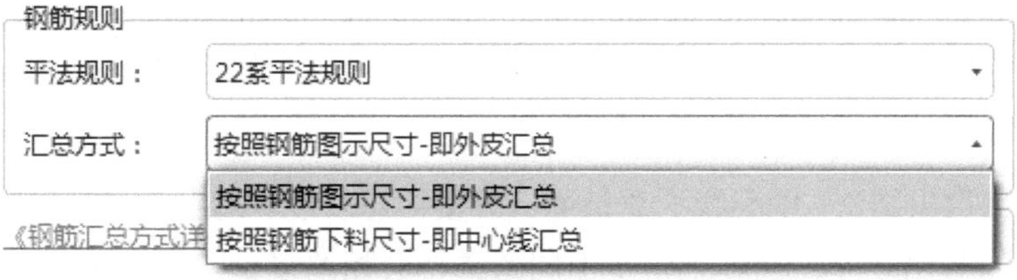

图 10-2　钢筋汇总方式

钢筋加工时，对钢筋不同角度的弯曲所产生的增长值，叫作钢筋弯曲调整值。一根有弯钩的钢筋，按外皮汇总的长度减去弯曲调整值，就是按中心线汇总的长度。软件中对于弯曲调整值的设置在"工程设置"→"钢筋设置"→"弯曲调整值设置"中，如图 10-3 所示。

弯曲调整值设置

	弯曲形式	HPB235(A) HPB300(A)	HRB335(B) HRB335E(BE) HRBF335(BF) HRBF335E(BFE)	HRB400(C) HRB400E(CE) HRBF400(CF) HRBF400E(CFE) RRB400(D)	HRB500(E) HRB500E(EE) HRBF500(EF) HRBF500E(FFF)	
		D=2.5d	D=4d	D=4d	d<=25 D=6d	d>25 D=7d
1	90度弯折	1.75	2.08	2.08	2.5	2.72
2	135度弯折	0.38	0.11	0.11	-0.25	-0.42
3	30度弯折	0.29	0.3	0.3	0.31	0.32
4	45度弯折	0.49	0.52	0.52	0.56	0.59
5	60度弯折	0.77	0.85	0.85	0.96	1.01
6	30度弯起	0.31	0.33	0.33	0.35	0.37
7	45度弯起	0.56	0.63	0.63	0.72	0.76
8	60度弯起	0.96	1.12	1.12	1.33	1.44

提示信息：弯曲调整值默认数据参考《钢筋工手册　第三版》第239~253页推导依据。D取值依据来源最新22G101-1第2-2页《钢筋弯折的弯弧内直径D》；表格内数据为理论计算值，可根据实际情况调整。

全部导入　全部导出　恢复默认值

图 10-3　弯曲调整值设置

以柱（500×500）箍筋为例：按外皮计算时不考虑弯曲调整值，按照箍筋计算公式：

柱截面减两个保护层（柱保护层厚度 25）=450，加两个弯钩长度 $=2 \times 12.89 \times d$（图 10-10 "弯钩设置"中 135° 平直段长度 $10d+$ 弯弧段长度 $2.89d$），计算结果为 2058mm，如图 10-4 所示。

筋号	直径(mm)	级别	图号	图形	计算公式	公式描述	长度
箍筋.1	10	Φ	195	450　450	2*(450+450)+2*(12.89*d)		2058

图 10-4　按外皮汇总

按中心线计算需要考虑弯曲调整值，结果等于按外皮计算的长度减 3 个弯曲调整值：90° 的弯曲调整为 $2.08d$（图 10-3），最终计算结果为 1996mm，如图 10-5 所示。

筋号	直径(mm)	级别	图号	图形	计算公式	公式描述	弯曲调整(mm)	长度
箍筋.1	10	Φ	195	450　450	2*(450+450)+2*(12.89*d)		(3*2.08)*d	1996

图 10-5　按中心线汇总

由以上案例得出结论：中心线汇总长度＝外皮汇总长度－弯曲调整值。

除了理论的对比之外，实际工程中不同的选择会相差多少？实际工程中两个选项分别汇总的结果是：按外皮汇总实体钢筋总重是 912.298t（图 10-6），按中心线汇总实体钢筋总重是 901.852t（图 10-7），中心线汇总钢筋量比外皮汇总钢筋量少 1.2%，减少的钢筋量跟实际工程的箍筋数量有关系，箍筋比重越大，对钢筋量的影响就越大。

工程类别：　　　　　　　　结构类型：剪力墙结构　　　　　　基础形式：筏形基础+承台

结构特征：　　　　　　　　地上层数：35　　　　　　　　　地下层数：1

抗震等级：二级抗震　　　　设防烈度：7　　　　　　　　　　檐高(m)：99.1

建筑面积(㎡)：21923.26　　实体钢筋总重(未含措施/损耗/贴焊锚筋)(T)：912.298　单方钢筋含量(kg/㎡)：41.613

损耗重(T)：0　　　　　　　措施筋总重(T)：5.802　　　　　贴焊锚筋总重(T)：0

图 10-6　按外皮汇总结果

工程类别：　　　　　　　　结构类型：剪力墙结构　　　　　　基础形式：筏形基础+承台

结构特征：　　　　　　　　地上层数：35　　　　　　　　　地下层数：1

抗震等级：二级抗震　　　　设防烈度：7　　　　　　　　　　檐高(m)：99.1

建筑面积(㎡)：21923.26　　实体钢筋总重(未含措施/损耗/贴焊锚筋)(T)：901.852　单方钢筋含量(kg/㎡)：41.137

损耗重(T)：0　　　　　　　措施筋总重(T)：5.802　　　　　贴焊锚筋总重(T)：0

图 10-7　按中心线汇总结果

实际工程中应该如何选择呢？如果定额规则中有明确要求的则按要求执行（图 10-8、图 10-9）；如果没有明确要求的，就需要结合清单、定额规则说明、答疑或解释的要求，并根据项目的实际情况判断、选择汇总方式。

5.钢筋长度是按钢筋外皮、内皮还是中心线长度计算？
答：按钢筋外皮长度计算。

图 10-8 《2012 年河北省建筑工程计价依据解释汇编》

四、钢筋工程
1. 钢筋工程量按设计图示钢筋（网）中心线长度和因定尺长度引起的搭接长度，乘以钢筋单位理论质量计算。箍筋或分布钢筋等按间距计算的钢筋数量按间距数量向上取整加1计算。
（1）钢筋质量计算公式（kg/m）：0.00617×d2
（2）多肢箍筋长度计算公式（m）：
135°弯钩：2（B+H）-8C+18.5d（11G101）；2（B+H）-8C+26.5d（03G101）；
（3）单肢箍筋（拉筋）长度计算公式（m）：
135°弯钩：B-2C+23.8d（11G101）；B-2C+25.8d（03G101）；
B：构件宽；H：构件高；C：混凝土保护层厚；d：钢筋直径。

图 10-9 《吉林省建筑工程计价定额》JLJD-J2-2019

10.1.3 弯钩设置

"弯钩设置"中，箍筋弯钩平直段选择不同会影响钢筋量吗？

软件的"弯钩设置"中分为"弯弧段长度"和"平直段长度"，其中"平直段长度"的设置是区分抗震和非抗震，抗震的平直段长度为 10*d*，非抗震的平直段长度为 5*d*（图 10-10）。另外箍筋弯钩平直段的计算有两个选项，分别是"图元抗震考虑"及"工程抗震考虑"，这两个选项对钢筋量有影响吗？

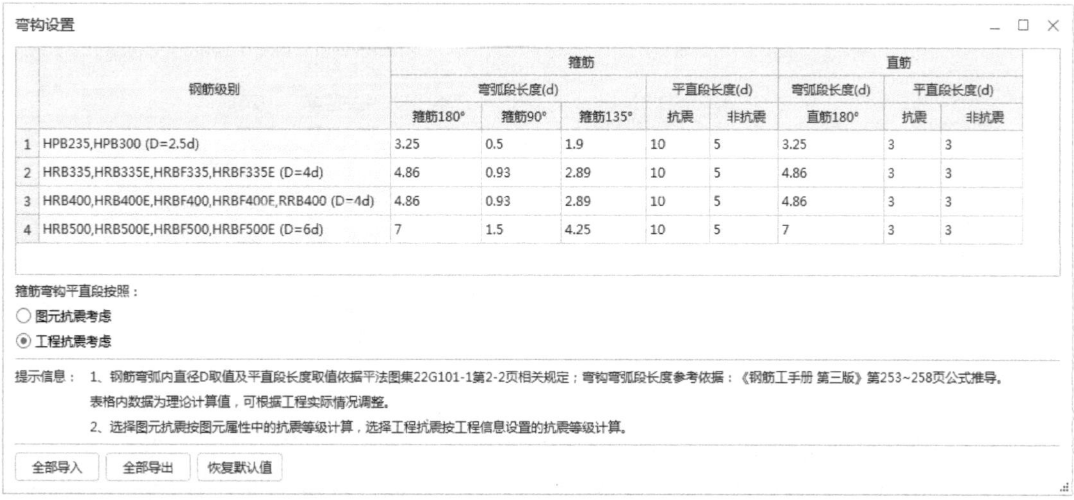

	钢筋级别	箍筋					直筋		
		弯弧段长度(d)			平直段长度(d)		弯弧段长度(d)	平直段长度(d)	
		箍筋180°	箍筋90°	箍筋135°	抗震	非抗震	直筋180°	抗震	非抗震
1	HPB235,HPB300 (D=2.5d)	3.25	0.5	1.9	10	5	3.25	3	3
2	HRB335,HRB335E,HRBF335,HRBF335E (D=4d)	4.86	0.93	2.89	10	5	4.86	3	3
3	HRB400,HRB400E,HRBF400,HRBF400E,RRB400 (D=4d)	4.86	0.93	2.89	10	5	4.86	3	3
4	HRB500,HRB500E,HRBF500,HRBF500E (D=6d)	7	1.5	4.25	10	5	7	3	3

图 10-10 弯钩设置

软件的设置都是依据于平法图集，平法图集规定封闭箍筋 135° 抗震弯钩平直段是"10*d*，75 取大值"，除此之外注释中：非框架梁以及不考虑地震作用的悬挑梁，箍筋及拉筋弯钩平直段可为 5*d*（图 10-11），软件中"图元抗震考虑"与"工程抗震考虑"对非框架梁等非抗震构件的钢筋量有影响。

首先要清楚工程抗震信息与图元抗震信息分别在哪里查看：工程抗震的信息是在"工程信息"的"抗震等级"中查看（图 10-12）；每个图元的"属性"中也有对应的图元抗震等级，抗震图元（如柱、剪力墙等）的抗震等级与工程抗震等级相同，但非抗震图元（如非框架梁）的图元抗震等级为"非抗震"，不依据"工程信息"的"抗震等级"确定，如图 10-13 所示。

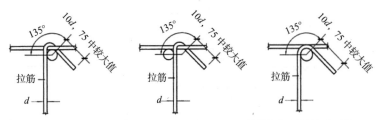

封闭箍筋及拉筋弯钩构造

注：1. 非框架梁以及不考虑地震作用的悬挑梁，箍筋及拉筋弯钩平直段长度可为 5d；当其受扭时，应为 10d。

2. 本图中拉筋弯钩构造做法采用何种形式由设计指定。

图 10-11 《22G101—1》平法图集第 2-7 页

图 10-12 工程抗震等级   图 10-13 图元抗震等级

以同一道非框架梁为例，当选择"工程抗震考虑"时，工程信息中抗震等级为"三级抗震"（图 10-12），梁箍筋的弯钩长度按抗震考虑为 $11.9d$（抗震平直段为 $10d$，弯弧段长度为 $1.9d$），如图 10-14 所示。

图 10-14 按工程抗震考虑

当选择"图元抗震考虑"时，非框架梁的图元抗震等级为"非抗震"，梁箍筋的弯钩长度按非抗震考虑为 6.9d（非抗震平直段为 5d，弯弧段长度为 1.9d），如图 10-15 所示。

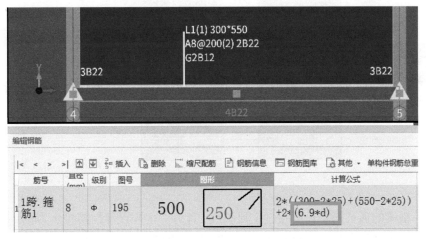

图 10-15　按图元抗震考虑

实际工程中，这两个选项对工程量的影响是很小的，默认状态下，只对非抗震图元（如非框架梁）的钢筋量产生影响。例如一个框架结构，图元抗震考虑只比工程抗震考虑少 0.6t（图 10-16、图 10-17），工程中非抗震图元的占比越多，对工程量的影响越大。

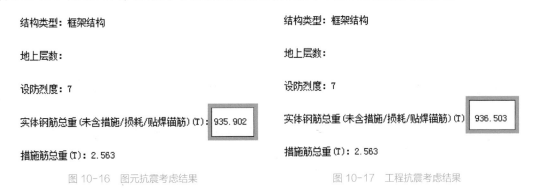

图 10-16　图元抗震考虑结果　　　　　　　　图 10-17　工程抗震考虑结果

10.1.4　搭接设置

1. 搭接形式对工程量有什么影响？

软件"计算设置"中"搭接设置"中有多种连接形式，选择不同的连接形式对钢筋量有什么影响呢？

从影响钢筋量的角度，把连接形式主要分为三大类：绑扎连接、单双面焊接、机械连接等其他连接形式。绑扎连接统计搭接长度；机械连接等其他连接形式统计接头个数；焊接中的单双面焊比较特殊，实际工程通常是计算长度，个别工程需要计算接头个数，对应软件："搭接设置"中"单双面焊统计搭接长度"选项打钩时单双面焊统计搭接长度，不勾选时单双面焊统计搭接个数，如图 10-18 所示。

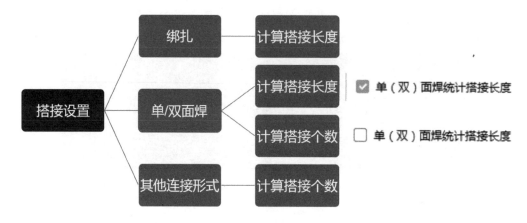

图 10-18　三类搭接形式

以同一根梁的通长筋（长度超过定尺长度，计算一个非设计性搭接）为例：当选择"绑扎"连接时，统计搭接长度（1150mm），钢筋的单重最重为 44.853kg；如果是"单双面焊"且"单双面焊统计搭接长度"选项不打勾或其他的连接形式时，统计搭接个数（1 个），单重是最轻的，为 40.425kg；如果是"单双面焊统计搭接长度"打钩，统计搭接长度（单面焊是 10d，双面焊是 5d），单重为 40.906kg，如图 10-19 所示。

		筋号	公称	长度	根数	搭接	损耗(%)	单重(kg)	总重(kg)	钢筋归类	搭接形式
绑扎	1	1跨.上通长筋1	...	10500	2	1150	0	44.853	89.706	直筋	绑扎

		筋号	公称	长度	根数	搭接	损耗(%)	单重(kg)	总重(kg)	钢筋归类	搭接形式
单/双面焊（不勾）	1	1跨.上通长筋1	...	10500	2	1	0	40.425	80.85	直筋	双面焊

		筋号	公称	长度	根数	搭接	损耗(%)	单重(kg)	总重(kg)	钢筋归类	搭接形式
单/双面焊（勾）	1	1跨.上通长筋1	...	10500	2	125	0	40.906	81.812	直筋	双面焊

		筋号	公称	长度	根数	搭接	损耗(%)	单重(kg)	总重(kg)	钢筋归类	搭接形式
其他连接形式	1	1跨.上通长筋1	...	10500	2	1	0	40.425	80.85	直筋	套管挤压

图 10-19　不同的搭接形式对钢筋量的影响

实际工程中需要根据图纸设计说明或施工组织设计调整搭接形式，在软件中的"搭接设置"，按钢筋的级别、直径范围（可修改）、按不同构件调整成对应的形式即可，如图 10-20 所示。

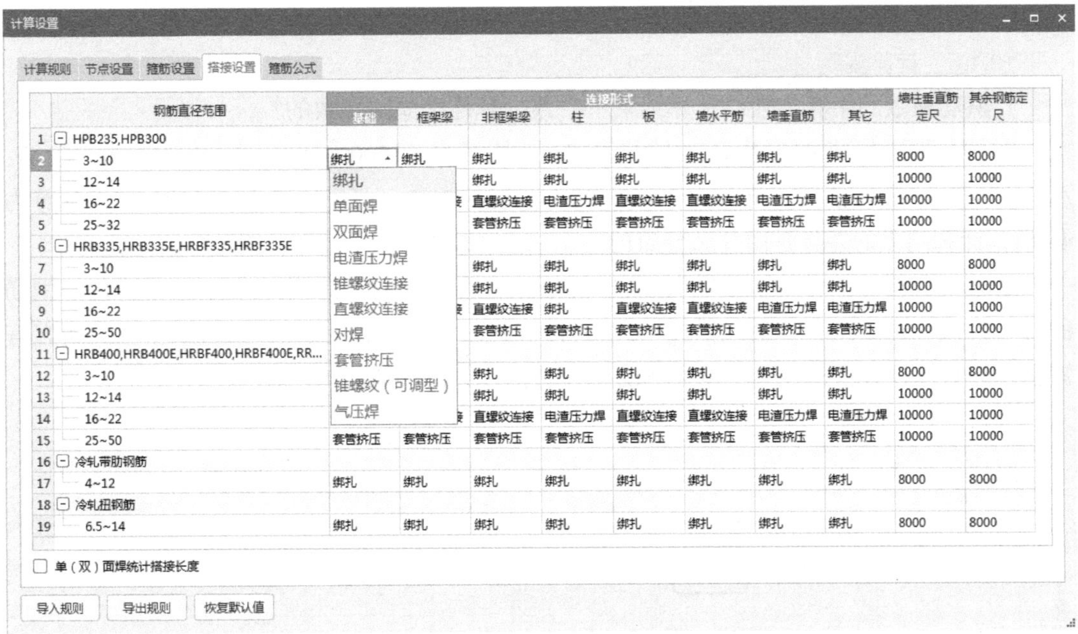

图 10-20 搭接设置中修改搭接形式

2. 定尺长度对钢筋量有什么影响?

软件的"搭接设置"中有"墙柱垂直定尺长度"和"其余钢筋定尺长度"两列,这两列里的数值是否需要调整? 对钢筋量有什么影响?

定尺就是由产品标准规定的钢坯和成品钢材的特定长度。当构件的钢筋长度(例如梁上部通长筋)超过定尺长度时,就会产生非设计性搭接,修改定尺长度的大小会影响非设计性搭接的数量,从而影响工程量。

实际工程中大部分的楼层层高不超过软件默认的定尺长度,这时修改垂直定尺长度不影响竖向构件的工程量(层高大于定尺长度的除外),因为竖向构件如柱、剪力墙等,层与层之间都会计算一个设计性搭接;"其余钢筋定尺长度"对应着水平构件(例如梁、板),修改"其余钢筋定尺长度"的数值就会影响工程量(水平构件的钢筋长度都小于定尺长度的除外)。如果是绑扎连接,定尺长度的大小就会影响搭接长度,进而影响钢筋量(定尺长度越小,搭接数量就越多,搭接长度越长,钢筋量越大);如果是统计搭接个数的连接方式(如套筒连接),定尺长度的大小不影响钢筋量,但影响接头个数(定尺长度越小,接头个数越多),如图 10-21 所示。

统计搭接个数   **统计搭接长度**

☐ 影响接头个数   ☐ 影响钢筋量

☐ 不影响钢筋量

图 10-21 不同的搭接形式调整定尺对钢筋量的影响

实际工程中,定额规则有明确规定的按规定调整,没有规定的可以依据图纸、施工组织设计、钢筋实际出厂长度确定。

10.1.5 计算规则

1.箍筋根数的手算与软件计算结果不一致，是什么原因导致的？

案例：张工所做的工程，二层层高 5m，柱子截面 500×500，纵筋：16B18，箍筋：A8@100/200；绑扎搭接，梁截面 300×600。箍筋的根数，张工手算为 37 根，软件计算为 48 根，计算结果的差异是由什么导致的？

通过查看构件的"编辑钢筋"，可以详细地查看钢筋的"计算公式"；如果不理解钢筋的计算公式，可以结合"公式描述"理解计算过程，对于箍筋根数，通过双击根数可以查看箍筋的具体计算公式，对于本案例的工程软件计算结果如图 10-22 所示。

筋号	直径(mm)	级别	图号	图形	计算公式	公式描述	长度	根数
箍筋.1	8	Φ	195	460 [460]	2*(460+4…		2030	Ceil(733/100)+1+Ceil(683/100)+1+Ceil(600/100)+Ceil(2.3*42*18/Min(5*18,100))+Ceil(1195/200)-1

图 10-22 软件箍筋计算结果

软件计算结果解析：Ceil 指的是向上取整，计算结果是分成 5 部分进行计算的（图 10-23）。

第 1 部分：733 是上加密区，为（$h_n/6, H_c, 500$）取大值，加密区箍筋间距为 100，加密区根数向上取整加 1。

第 2 部分：683 是下加密区，在三控值（$h_n/6, H_c, 500$）基础上减去一个起步距离 50mm（图 10-24），加密区箍筋间距为 100，加密区根数向上取整加 1。

第 3 部分：600 为节点范围，也就是梁高范围，加密区箍筋间距为 100，这部分向上取整不加也不减。

第 4 部分：从公式可以看出是 $2.3L_{le}$（两个搭接 + 错开距离），箍筋间距是 $5d$，100 取小值，手算时很容易忽略这部分的计算。

第 5 部分：1195 是非加密区范围，非加密区的箍筋间距为 200，非加密区根数向上取整减 1（图 10-24）。

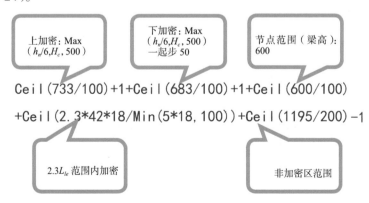

图 10-23 软件计算结果解析

搭接及错开距离 $2.3L_{le}$ 范围内加密的设置，由软件的计算规则控制（图 10-24）：

（1）柱子的计算规则："柱 / 墙柱搭接部位箍筋加密"设置值为是。

（2）"柱 / 墙柱箍筋加密范围包含错开距离"设置值为是。

（3）"纵筋搭接范围箍筋间距"设置值为 5d 和 100 取小值。

图 10-24　构件计算规则

设置来源于哪里呢？在规则下面的备注里（图 10-24）可以看到"纵筋搭接范围箍筋间距"规则的来源是《22G101—1》平法图集第 2-4 页，平法规则规定：在搭接区内箍筋的间距不应大于 100 及 5d，如图 10-25 所示。

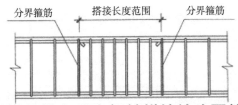

梁、柱类构件纵向受力钢筋搭接接头区箍筋构造

注：1.纵向受力钢筋搭接区内箍筋直径不小于 d/4（d 为搭接钢筋最大直径），且不小于构件所配箍筋直径；箍筋间距不应大于 100mm 及 5d（d 为搭接钢筋最小直径）。

2.当受压钢筋直径大于 25mm 时，尚应在搭接接头两个断面外 100mm 的范围内各设置两道箍筋。

图 10-25　《22G101—1》平法图集第 2-4 页

分析得出，手算时会忽略搭接区箍筋设置，软件会根据计算规则的设置自动计算，这就是导致手算和软件计算结果不一致的原因。掌握查看钢筋计算过程的方法，方便对量核量，同时可以找到计算结果异议的原因。

2.基础高度范围内，柱子箍筋如何按照根数设置？

对于柱基础锚固区内箍筋根数的计算，按平法规则要求，间距 ≤ 500，且不少于两道矩形封闭箍筋，如图 10-26 所示。

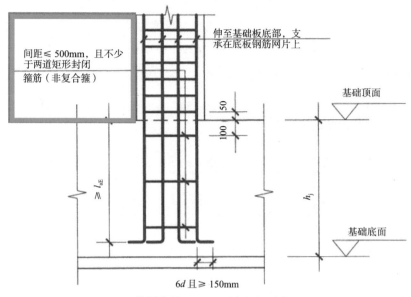

图 10-26 《22G101—3》平法图集第 2-10 页

　　注：《混凝土结构施工图平面整体表示方法制图规则和构造详图（独立基础、筏形基础、柱基础）》22G101—3（全书简称《22G101—3》平法图集）。

　　当基础高度比较高的时候，软件按 500 间距布置，根数会超过 2 根，但有一些图纸规定基础内箍筋就是两根，这时应如何修改呢？

　　软件的计算结果都由"计算设置"控制，对应柱构件的"计算规则"：修改"柱 / 墙柱在基础插筋锚固区内箍筋数量"即可，如图 10-27 所示。

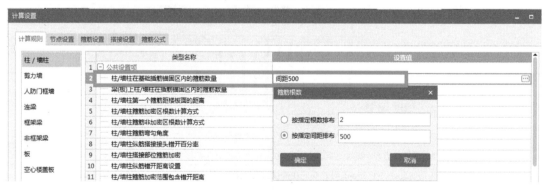

图 10-27 柱 / 墙柱在基础插筋锚固区内箍筋数量

　　选择"按指定间距排布"时，软件就会按间距计算出的根数和 2 取大值，如图 10-28 所示。

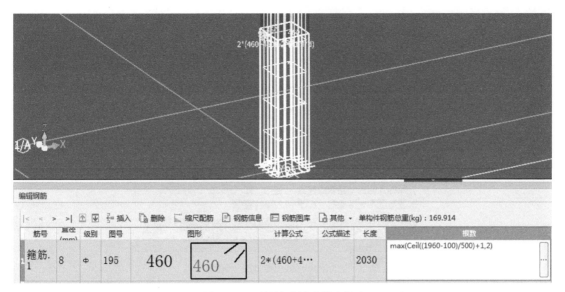

图 10-28 选择按测定间距排布结果

选择"按指定根数排布",软件就会按设置中的根数计算箍筋(图 10-29),按图纸要求选择相应的计算方式,即可得到想要的结果。

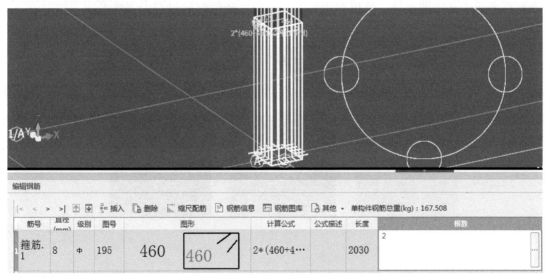

图 10-29 选择按测定根数排布结果

3. 对应板厚不同,板的分布筋图纸是否有特殊说明?

图纸注释:标注板分布筋均为 A8@200,除注明外板厚均为 100,分布筋均按 A6@200 布置,如何快速设置?

修改板的计算规则中"分布钢筋配置"选项,设置值里有两种设置选项:"所有的分布筋相同"和"同一板厚的分布筋相同",本案例应该选择第二个选项"同一板厚的分布筋相同","板厚"列可以输入数值或板厚范围,如图 10-30 所示。

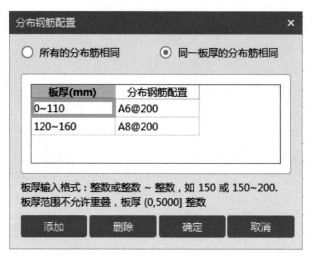

图 10-30　按板计算规则修改板分布钢筋设置

计算规则不是所有的构件都需要修改，根据图纸设计说明进行修改，或者当对计算结果有异议时，通过软件中编辑钢筋及钢筋计算公式了解软件计算过程，计算过程都由对应构件的相应规则控制，可以调整规则，重新汇总查看计算式，加深对规则的理解；当然规则都来源于平法图集等，所以对于初学者来说，还可以通过看设置学平法，如图 10-31 所示。

图 10-31　计算规则总结

10.2　绘图设置专题

绘图设置是指在使用软件进行算量的过程中，影响工程量计算的相关设置，如属性设置、绘制方式、绘制位置、构件间的支座关系等。软件遵循的处理原则来源于相关规范图集和业务要求。因此，在实际算量过程中，需要结合图集规范和实际业务，了解软件设置原则，结合实际工程进行调整，实现精准出量。实际工程中常见的此类问题包括：

1. 不清楚构件连续绘制与分开绘制对工程量的影响；
2. 不清楚绘制位置对工程量的影响；
3. 不清楚属性设置对扣减关系的影响等。

本专题将就以上内容展开说明。

10.2.1　柱绘制注意事项

1. 基础层是否绘制柱及剪力墙？

算量过程中是否存在这样的疑惑：绘制基础层时，是否需要将首层柱及剪力墙复制到基础层？对工程量有什么影响？

要解决这个疑问，需要考虑以下几个问题：

（1）基础层构件有哪几类？

第一类：单独基础构件，即基础层中只存在一种类型的基础，如筏板或变截面筏板基础（图 10-32），目前这种基础形式较少。

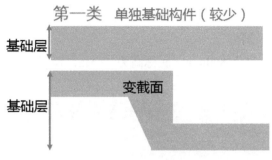

图 10-32　单独基础构件

第二类：组合基础构件，即基础层由多种类型的构件，如筏板和集水坑、筏板和柱墩等组合而成（图 10-33），结合目前工程的复杂程度，此种形式最常见。

图 10-33　组合基础构件

（2）基础层中是否需要绘制柱和剪力墙？

按照不同的基础类型，对于基础层是否需要绘制柱及剪力墙，处理方式分为两种：

第一种：当基础为单独筏板构件时，筏板厚度即为基础层层高，基础层是否绘制柱及剪力墙对其工程量无影响，柱插筋均从基础底弯折，如图 10-34 所示。

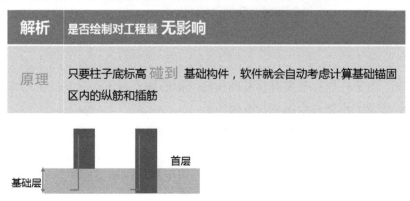

图 10-34　单独筏板构件情况下柱计算原则

第二种：当基础为复杂组合构件时，即存在多种类型的基础构件或基础高度不等于基础层高时，基础层是否绘制柱和墙的原理如图 10-35 所示。

解析	区分构件
原理	柱构件：不管基础层是否绘制柱构件，只要柱子底标高碰到基础构件，均会伸至集水坑底部弯折； 剪力墙：基础层绘制剪力墙，或者修改剪力墙底标高为基础底标高，伸入集水坑底部弯折；如果底标高为基础顶标高，伸入筏板底部弯折

图 10-35 复杂组合基础构件下柱墙计算原则

以实际案例进行深入剖析。

案例介绍：基础梁高度为 800mm，底标高为 –7.5m，筏板厚度为 500mm（筏板下方存在集水坑），如图 10-36 所示。

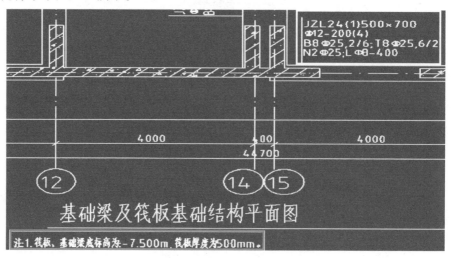

图 10-36 基础梁及筏板基础结构平面图

根据图纸信息绘制基础层构件模型，如图 10-37 所示。

图 10-37 基础梁及筏板基础模型图

案例解析：由于柱构件只要遇到基础构件，钢筋伸入最下面的基础进行弯折，所以根据不同的设计需求，框架柱绘制方式有两种。

第一种：复制首层柱到基础层，即当框架柱底标高为基础顶或基础底时，框架柱的纵筋伸至集水坑底部进行弯折（该框架柱位置的筏板下方存在集水坑），如图 10-38 所示。

第二种：若结构设计总说明或实际施工中要求框架柱纵筋需要伸至筏板底部进行弯折，此种情况下软件操作流程如图 10-39 所示。

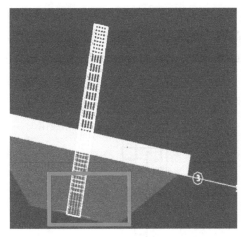

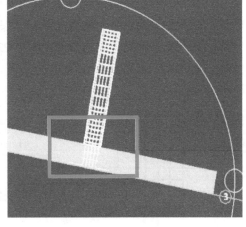

图 10-38　柱纵筋伸至集水坑弯折　　　　　　　　图 10-40　柱纵筋伸至筏板底弯折

备注：利用功能模块区下的"通用操作"/"锁定"功能，锁定框架柱。

按照以下操作步骤完成后，框架柱纵筋将伸至筏板基础底弯折，如图 10-40 所示。

上层柱复制到基础层 〉 汇总计算 〉 "锁定"柱 〉 绘制该部位集水坑 〉

图 10-39　柱纵筋伸至筏板操作流程

综上所述，不同绘制方式对框架柱纵筋钢筋量有一定的影响，绘制时需要根据实际工程和结构设计总说明确定绘制注意事项。

2. 基础层柱非锚固区内箍筋应如何归属？

实际工程对量过程中，查看基础层柱箍筋的钢筋三维或钢筋明细表时，是否发现只有基础锚固区内存在箍筋，而柱悬空部位未显示箍筋三维（图 10-41）？那是否代表软件没有计算相应的箍筋呢？

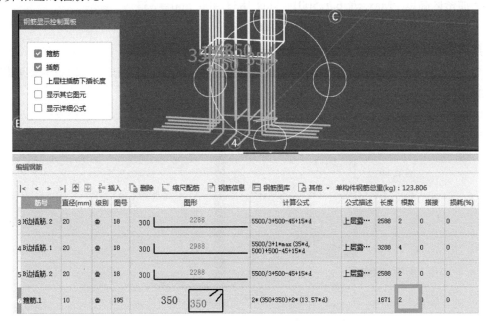

图 10-41　基础层柱箍筋三维

实际软件中已经将这部分箍筋工程量计算到同位置首层框架柱。对于该部分箍筋工程量，软件的归属原理为：当基础高度≠基础层高时，框架柱悬空部分箍筋工程量归属到首层，基础层只保留基础锚固区内根数（根据22G101平法图集和软件计算设置得出Max{间距≤500,2}），如图10-42所示。

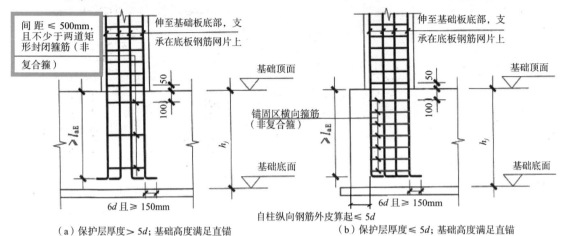

（a）保护层厚度＞5d；基础高度满足直锚   （b）保护层厚度≤5d；基础高度满足直锚

图10-42 《22G101—3》平法图集第2-10页

以工程案例来了解首层箍筋的计算规则。

案例介绍：基础层高2.5m，首层层高3m，柱尺寸400mm×400mm，柱上下加密范围依据《22G101—1》平法图集Max{$h_n/6,h_c$,500}设定，箍筋信息为C12@100/200，如图10-43所示。

案例解析：

$h_n/6$=(5500–500[筏板厚])/6=833

上加密区高度 =Max {$h_n/6,h_c$,500}= Max {833,400,500}=833

下加密区高度 =833–50（箍筋起步距离为50）=783

箍筋根数 = (833/100)+1+ (783/100)+1+ (3334/200)–1=35 根

综上所述，基础层构件绘制时除了要关注框架柱不同绘制方法对工程量的影响以外，对量时还需要了解框架柱箍筋的归属问题。

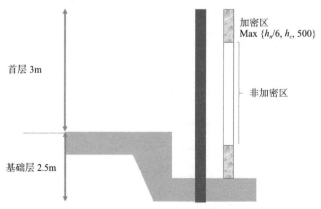

图10-43 案例示意图

3. 约束边缘非阴影区如何处理?

剪力墙结构中,经常会遇到约束边缘非阴影区构造(图 10-44)。非阴影区中的纵筋为剪力墙纵筋;拉筋直径同暗柱箍筋,竖向间距同墙身分布筋;外圈封闭箍筋需要钩住暗柱的第二列纵筋。由于柱纵筋间距计算过程复杂,导致外圈封闭箍筋手算难度较大。

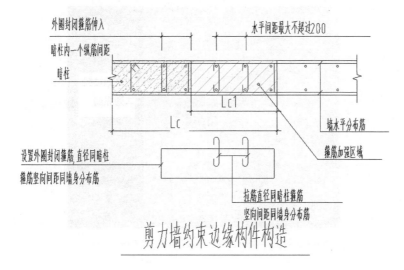

图 10-44　约束边缘非阴影区构造

在 BIM 土建计量平台中,可使用"柱"构件下的"约束边缘非阴影区"(图 10-45)快速处理约束边缘构造。软件提供 5 种常用参数图,可根据工程大样图选择对应参数。本案例选择"封闭箍筋 –1"参数图,输入阴影区长度、宽度,软件会自动根据剪力墙宽度进行自适应,阴影区内纵筋"取墙纵筋",也可按软件提示输入具体的钢筋信息;阴影区内拉筋可"取柱箍筋",即钢筋直径及间距均与柱箍筋相同,也可按软件提示输入具体的钢筋信息。本工程直径取柱箍筋,竖向排布按剪力墙的水平分布筋排布;阴影区内的外圈封闭箍筋自动"钩住柱第二列纵筋"。

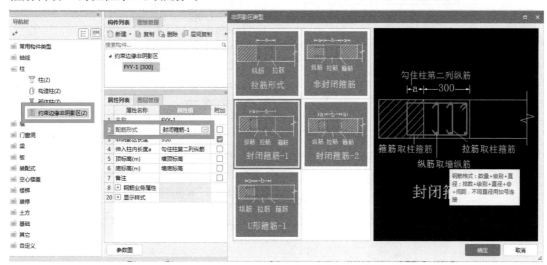

图 10-45　约束边缘软件处理

按平面图所示位置进行绘制，汇总计算后，查看钢筋三维（图 10-46）。可以看出，非阴影区内的外圈封闭箍筋自动计算到柱第二列纵筋位置，计算准确。

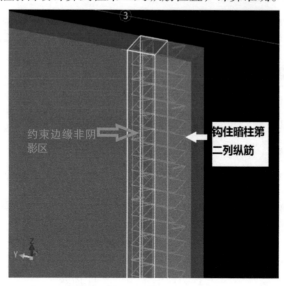

图 10-46   约束边缘非阴影区钢筋三维

除此之外，越来越多的图纸采用剪力墙水平分布筋代替约束端及暗柱的外箍构造（图 10-47），即第一排计算柱和约束端外箍，第二排不单独计算，由剪力墙水平筋代替，以此类推；剪力墙端部节点也有两种构造，一种是 U 形构造，一种是端部 90° 弯折后钩住对边竖向钢筋。

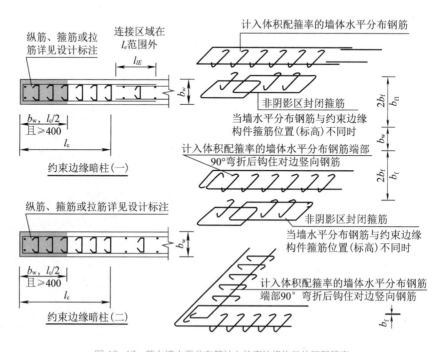

图 10-47   剪力墙水平分布筋计入约束边缘构件体积配箍率

对于此种情况，可以调整"剪力墙"构件"钢筋业务属性"中"水平分布筋计入边缘构件体积配箍率"的属性值"计入"或"不计入"。

（1）选择"不计入"（软件默认）：

1）剪力墙水平分布筋长度计算同原有计算原则，端部构造选取普通节点构造；

2）边缘构件箍筋：

①非阴影区计算外圈封闭箍筋和拉筋；

②阴影区箍筋按照截面编辑所呈现的正常计算。

计算结果：柱外箍根数为 41 根，约束端外箍根数为 24 根，如图 10-48 所示。

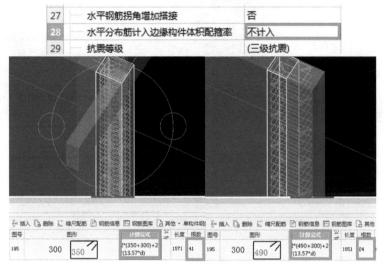

图 10-48　剪力墙属性为不计入计算结果

（2）选择"计入"：

1）剪力墙水平分布筋端部构造按照节点设置中新增的节点构造（图 10-49）计算；

2）边缘构件箍筋：

①与剪力墙水平分布筋相同标高处的边缘构件外圈封闭箍筋不计算，仅计算内箍或拉筋；

②与剪力墙水平分布筋不同标高处的边缘构件计算外圈封闭箍筋和拉筋。

计算结果：柱外箍根数为 20 根，约束端外箍根数为 12 根，如图 10-50 所示。

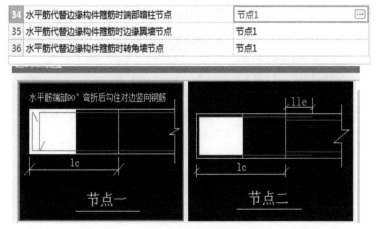

图 10-49　剪力墙节点设置

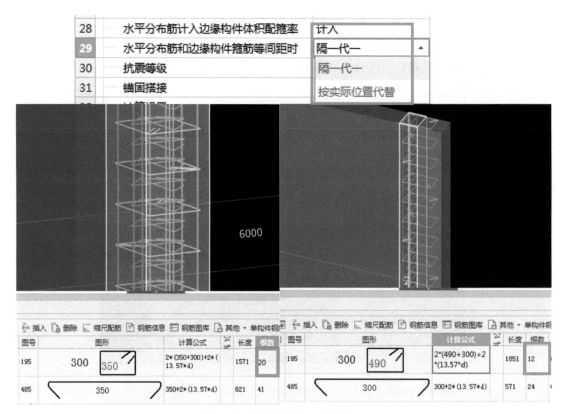

图 10-50　剪力墙属性为计入计算结果

需要注意的是，剪力墙的"水平分布筋计入边缘构件体积配箍率"属性为私有属性，如果图元已经绘制完成，需要选中构件图元后修改。

10.2.2　梁绘制注意事项

1. 连梁属性中，侧面钢筋是否需要输入？

在软件中，连梁属性中的侧面钢筋是否输入对钢筋量计算是有一定影响的，具体如何影响可参照《22G101—1》平法图集构造详图：当墙身水平分布钢筋满足连梁、暗梁及边框梁的梁侧面纵向构造钢筋的要求时，该筋配置同墙身水平分布钢筋，表中不注；当墙身水平分布钢筋不满足连梁、暗梁、边框梁的梁侧面纵向构造钢筋的要求时，应在表中补充注明梁侧面纵筋的具体数值，如图 10-51 所示。

墙梁侧面纵筋的配置，当墙身水平分布钢筋满足连梁和暗梁侧面纵向构造钢筋的要求时，该筋配置同墙身水平分布钢筋，表中不注，施工按标准构造详图的要求即可。

当墙身水平分布钢筋不满足连梁侧面纵向构造钢筋的要求时，应在表中补充注明设置的梁侧面纵筋的具体数值，纵筋沿梁高方向均匀布置；当采用平面注写方式时，梁侧面纵筋以大写字母"N"打头。

梁侧面纵向钢筋在支座内锚固要求同连梁中受力钢筋。

【例】N6⊈12，表示连梁两个侧面共配置 6 根直径为 12mm 的纵向构造钢筋，采用 HRB400 钢筋，每侧各配置 3 根

图 10-51　《22G101—1》平法图集第 1-13 页剪力墙下连梁制图规则

结合《22G101—1》平法图集规定，对于连梁侧面钢筋是否输入，软件计算结果分为两种情况。

第一种：图纸连梁表中未规定侧面钢筋，则软件不输入钢筋信息（图 10-52），此种情况下剪力墙水平钢筋作为连梁侧面钢筋连续通过（图 10-53），连梁钢筋工程量中未计算侧面钢筋量，只计算上部钢筋、下部钢筋和箍筋（图 10-54）。

图 10-52 连梁侧面钢筋不输入　　　　　　图 10-53 剪力墙钢筋连续通过

筋号	直径(mm)	级别	图号	图形	计算公式	公式描述	长度	根数
连梁上部纵筋.1	25	Φ	1	5300	3000+46*d+46*d	净长+直锚+直锚	5300	2
2 连梁下部纵筋.1	25	Φ	1	5300	3000+46*d+46*d	净长+直锚+直锚	5300	2
3 连梁箍筋.1	10	Φ	195	350 / 150	2*((200-2*25)+(400-2*25))+2*(13.57*d)		1271	30

图 10-54 连梁钢筋统计明细表

第二种：连梁表或结构设计总说明中明确给出侧面钢筋，则按照图纸进行输入（图 10-55），此种情况下剪力墙水平钢筋在连梁处断开，不连续通过（图 10-56），连梁侧面钢筋单独计算，锚固连同连梁受力筋（图 10-57）。

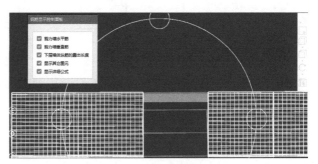

图 10-55 连梁输入侧面钢筋图　　　　　　图 10-56 剪力墙钢筋在连梁处断开

筋号	直径(mm)	级别	图号	图形	计算公式	公式描述	长度	根数
1 连梁上部纵筋.1	25	Φ	1	5300	3000+46*d+46*d	净长+直锚+直锚	5300	2
2 连梁下部纵筋.1	25	Φ	1	5300	3000+46*d+46*d	净长+直锚+直锚	5300	2
3 连梁侧面纵筋.1	16	Φ	1	4472	3000+46*d+46*d	净长+锚固+锚固	4472	4
4 连梁箍筋.1	10	Φ	195	350 150	2*((200-2*25)+(400-2*25))+2*(13.57*d)		1271	30
5 连梁拉筋.1	6	Φ	485	150	(200-2*25)+2*(75+1.9*d)		323	16

图 10-57　连梁钢筋统计明细表

　　综上所述，连梁侧面钢筋是否输入除对本身侧面钢筋有影响外，对于剪力墙水平钢筋计算也有一定的影响，需要根据平法规定、图纸要求（连梁表、结构设计总说明）等，结合实际情况确定是否需要输入。

　　2.墙顶连梁与楼层连梁有何区别？

　　《22G101—1》平法图集中连梁按照所在位置分为楼层连梁和墙顶连梁。以连梁 LLK 为例，两者区别为：墙顶连梁在锚固区 max{lae，600} 内箍筋加密，楼层连梁锚固区内未设置箍筋，如图 10-58 所示。

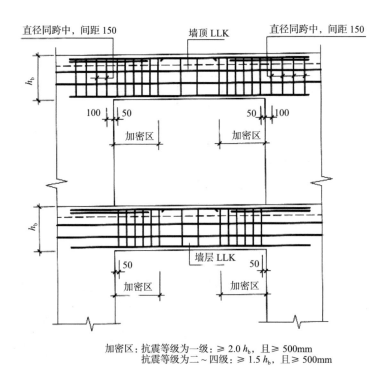

图 10-58　《22G101—1》平法图集第 2-29 页连梁 LLK 箍筋加密区范围

　　结合《22G101—1》平法图集连梁 LLK 箍筋加密区范围（图 10-58），连梁箍筋由两部分组成：洞口范围内箍筋和锚固区内箍筋，如图 10-59 所示。

连梁箍筋计算范围	
洞口范围内箍筋	区分加密区和非加密区 加密区范围：抗震等级为一级：≥ $2h_b$ 且 ≥ 500 抗震等级为二~四级：≥ $1.5h_b$ 且 ≥ 500 箍筋起步距离：50
锚固区内箍筋	墙顶连梁：锚固区内箍筋需要加密，间距150，起步距离为100 楼层连梁：不设置箍筋

图 10-59　连梁箍筋计算范围

以实际工程案例进行分析。

案例介绍：连梁 LL 截面宽度 200mm，高度 500mm，梁长 3000mm，箍筋 C10@100/200，上部纵筋 2C25，下部纵筋 2C25，箍筋起步距离参考《22G101—1》平法图集。计算箍筋根数。

案例解析：针对平法规定，软件中的绘制方式有两种。

第一种：连梁属性中"是否为顶层连梁"设置为"否"（图 10-60），则连梁锚固区内不计算箍筋，只计算洞口范围内箍筋（图 10-61）。

图 10-60　楼层连梁设置图

	筋号	直径(mm)	级别	图号	图形	计算公式	公式描述	长度	根数
1	连梁上部纵筋.1	25	Φ	1	5300	3000+46*d+46*d	净长+直锚+直锚	5300	2
2	连梁下部纵筋.1	25	Φ	1	5300	3000+46*d+46*d	净长+直锚+直锚	5300	2
3	连梁箍筋.1	10	Φ	195	350 / 150	2*((200-2*25)+(400-2*25))+2*(13.57*d)		1271	Ceil((3000-2*50)/200)+1

图 10-61　楼层连梁箍筋根数计算

第二种：连梁属性中"是否为顶层连梁"设置为"是"（图 10-62）时，连梁除洞口范围内计算箍筋外，锚固区范围也按照《22G101—1》平法图集规定（图 10-58）计算，如

图 10-63 所示。

图 10-62　墙顶连梁设置

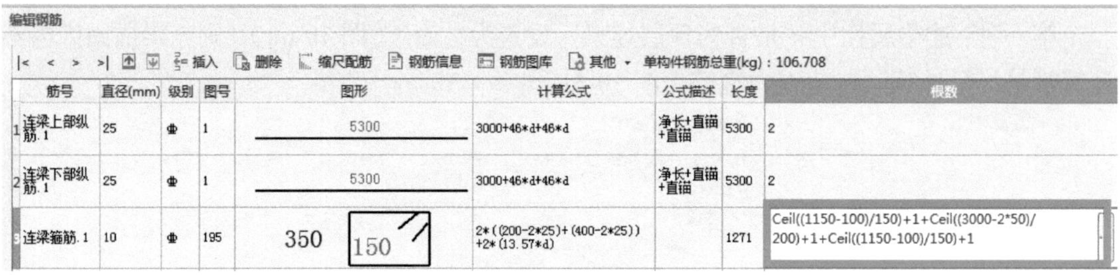

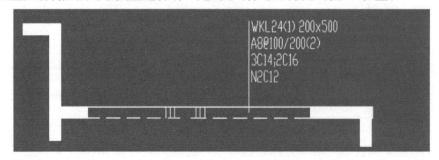

图 10-63　墙顶连梁箍筋根数计算

　　注意：如何绘制框架连梁 LLK ？绘制并定义好连梁后，点击原位标注或平法表格，则此时连梁为框架连梁，箍筋计算时参考框架连梁箍筋加密区和非加密区规则计算根数。

　　综上所述，工程图纸中不同位置的连梁，其箍筋根数计算方式不同。故绘制连梁时需要根据实际位置进行连梁属性修改。

　　3. 框架梁支座对工程量的影响。

　　（1）梁以不同构件为支座对工程量的影响。

　　框剪结构绘制过程中，框架梁可能会以暗柱或剪力墙为支座（图 10-64），绘制过程中不同的设置及绘制方法对于支座选择有一定的影响，从而会影响梁工程量。

图 10-64　框架梁支座情况

通过贯通筋和负筋在不同支座情况下的区别来分析其对工程量的影响:

1）单跨梁的贯通筋在不同梁支座情况下锚固长度及梁箍筋排布的区别，如图 10-65 所示。

单跨 KL—贯通筋

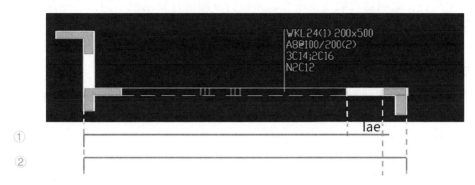

① 以剪力墙为支座，直锚入墙内
② 以暗柱为支座，锚入柱内，判断直弯锚。

图 10-65　不同支座对贯通筋工程量的影响

单跨梁贯通筋在绘制过程中以剪力墙为支座和以暗柱为支座的计算原理如下:

①以剪力墙为支座，两端判断直弯锚时，以相交剪力墙尺寸进行判断，能直锚则直锚 lae，不能直锚伸至对边弯折 $15d$；箍筋排布到剪力墙边，并按以剪力墙为支座计算的净长计算加密区及非加密区。

②以暗柱为支座，钢筋锚入暗柱内，判断直弯锚时以暗柱尺寸进行判断。箍筋排布到暗柱边，并按以暗柱为支座计算的净长计算加密区及非加密区。

由此可见，当梁的支座分别以剪力墙和暗柱为支座时，剪力墙和暗柱长度尺寸相差太大，对于上部贯通筋的支座锚固长度及箍筋根数有一定的影响。

2）多跨梁的支座负筋在梁支座不同的情况下其锚固长度的区别，如图 10-66 所示。

多跨梁—支座负筋

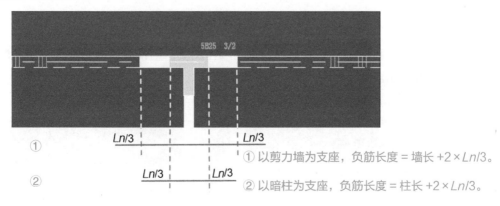

① 以剪力墙为支座，负筋长度 = 墙长 +2 × $Ln/3$。
② 以暗柱为支座，负筋长度 = 柱长 +2 × $Ln/3$。

图 10-66　支座负筋不同支座影响

多跨梁支座负筋在绘制过程中分别以剪力墙和以暗柱为支座的计算原理如下:

①以剪力墙为支座，支座负筋的长度等于墙长 +2×*Ln*/3，梁箍筋排布到剪力墙边。

②以暗柱为支座，支座负筋的长度等于 = 柱长 +2×*Ln*/3，梁箍筋排布到暗柱边。

由此可见，当梁支座分别以剪力墙和暗柱为支座时，支座负筋长度分别为墙长和柱长计算，同时也影响净长 *Ln* 值判断及梁箍筋的根数计算。

综上所述，梁以剪力墙为支座和以暗柱为支座时计算结果不同，实际算量过程中是以剪力墙还是以暗柱为支座，需要结合实际情况进行判断。

（2）软件解决方案。

第一种：框架梁以暗柱为支座，操作步骤如下。

第一步：梁计算设置第 4 项，梁以平行相交墙为支座设置为"否"（软件默认），如图 10-67 所示。

4	梁以平行相交的墙为支座	否

图 10-67　梁计算设置

第二步：绘制过程中，框架梁只要与暗柱相连（即绘制到柱边和柱中心均可），则以暗柱为支座，如图 10-68 所示。

绘制到暗柱边 / 柱中心、只要与暗柱相接

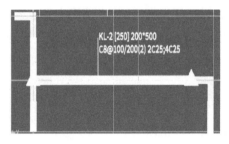

图 10-68　框架梁以暗柱为支座

第二种：框架梁以剪力墙为支座，操作步骤如下：

第一步：梁计算设置第 4 项，梁以平行相交墙为支座设置为"是"，如图 10-69 所示。

图 10-69　梁计算设置修改

第二步：绘制过程中，框架梁只要与水平墙体相交，则钢筋以剪力墙为支座判断直弯锚，如图 10-70 所示。

1. 绘制到单独墙体上

2. 绘制到有暗柱的墙体上，不在柱边

图 10-70　框架梁以剪力墙为支座

注意：本节中的柱"结构类型"均为"暗柱"；如果是"框架柱"，"梁以平行相交墙为支座"设置无效，梁均以"框架柱"为支座。

以上内容是框架梁以暗柱和以剪力墙为支座的软件处理方式。框架梁支座选择要结合实际情况进行判断，结合软件设置进行绘制。

4.梁加腋应如何处理？

工程中梁加腋分为梁竖向加腋及梁水平加腋。

（1）梁竖向加腋。

实际工程中，梁竖向加腋信息分布于集中标注及原位标注中，集中标注中标注加腋尺寸，原位标注中标注加腋钢筋信息如图10-71所示。

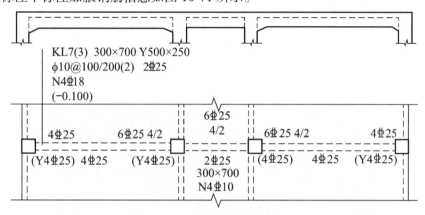

图 10-71　梁竖向加腋图例

对于梁竖向加腋，可通过梁"平法表格"进行处理；选中需要设置加腋的跨，输入腋长、腋宽及加腋钢筋，本跨两端自动计算竖向加腋；如果只有一端加腋，则用"；"隔开，不加腋端腋长和腋宽输入0，如输入"0；500"，软件自动在梁右侧端生成竖向加腋，如图10-72所示。

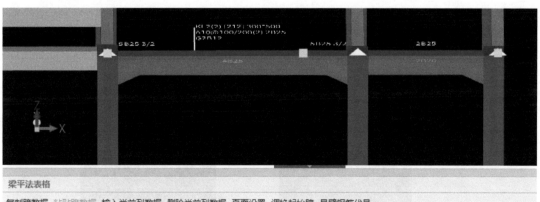

图 10-72　梁竖向加腋软件处理

（2）梁水平加腋。

实际工程中，梁水平加腋信息同样分布于集中标注及原位标注中（图 10-73），但布置条件通常在设计说明或梁图纸说明中给出，如：梁柱偏心 > 1/4 同向柱边（90% 图纸的要求）、梁柱中心线偏心距 > 200 时各楼层加腋、梁宽小于同向柱截面高度一半等，如图 10-73、图 10-74 所示。

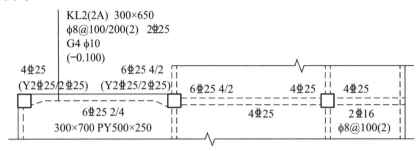

图 10-73　梁水平加腋图例

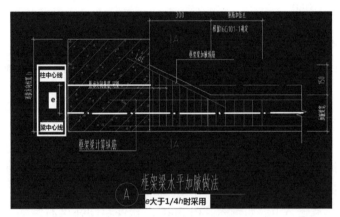

图 10-74　梁水平加腋图纸实例

对于梁水平加腋，可以通过"梁二次编辑"中"生成梁加腋"功能（图 10-75）快速处理。

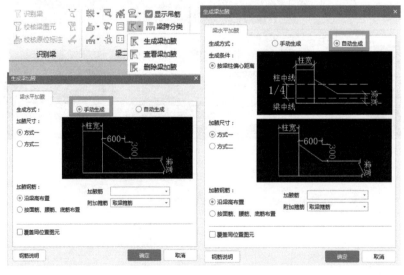

图 10-75　生成梁加腋

①手动生成:

选择"手动生成",输入加腋尺寸及加腋钢筋、附加箍筋等信息,选中梁构件,点选需要设置加腋的梁端(选择 × 号),点击鼠标右键即可生成水平加腋。

②自动生成:

选择"自动生成",输入相应信息后,选择需要生成梁侧腋的梁构件,软件按"生成条件"自动生成水平加腋。

10.2.3　五种特殊剪力墙的绘制方式

1. 墙顶特殊钢筋应如何设置?

实际工程中,是否遇到墙体顶部存在特殊钢筋的情况,如图 10-76 所示。

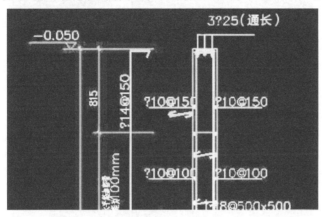

图 10-76　压墙筋构造要求

针对压墙筋的处理,软件处理方式简单快捷,操作步骤如下:

第一步:定义界面,新建剪力墙,属性窗口中选择钢筋业务属性,修改压墙筋信息为 3C20,如图 10-77 所示。

20	⊟	钢筋业务属性	
21		其它钢筋	
22		保护层厚...	(20)
23		汇总信息	剪力墙
24		压墙筋	3C20
25		纵筋构造	设置插筋
26		插筋信息	
27		水平钢筋...	否

图 10-77　压墙筋属性设置

第二步:直线绘制剪力墙,汇总计算后可通过钢筋明细表查看压墙筋计算信息,如图 10-78 所示。

筋号	直径(mm)	级别	图号	图形	计算公式	公式描述	长度	根数	搭接	损耗(%)	单重(kg)	总重(kg)
1 墙身水平钢筋.1	12	Φ	64	120 └ 2960 ┘ 120	3000-20+10*d-20+10*d	净长…	3200	44	0	0	2.842	125.048
2 墙身水平钢筋.2	14	Φ	64	140 └ 2960 ┘ 140	3000-20+10*d-20+10*d	净长…	3240	50	0	0	3.92	196
压墙筋.1	20	Φ	64	200 └ 2960 ┘ 200	3000-20+10*d-20+10*d	净长…	3360	3	0	0	8.299	24.897

图 10-78　压墙筋明细表

注意：

（1）压墙筋长度计算原则：墙净长 $-2 \times bhc + 2 \times$ 设定弯折。

（2）水平钢筋与压墙筋根数单独计算，互不影响。

2.局部垂直附加钢筋应如何设置？

地下室外墙受土的侧压力，在外侧会设置垂直加强筋，即除了正常垂直配筋外，非通高设置的垂直筋，通常为墙底部或者顶部没有设计暗梁时附加的几根主筋，如图 10-79 所示。

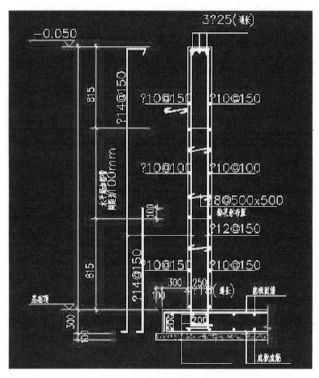

图 10-79　剪力墙垂直加强筋

垂直加强筋钢筋量计算可通过软件属性窗口中"其他钢筋"进行处理，输入对应钢筋信息、图号、钢筋图形及加强筋类型即可，如图 10-80 所示。

属性列表	图层管理
属性名称	属性值
19 备注	
20 ⊟ 钢筋业务属性	
21 　其它钢筋	⋯
22 　保护层厚...	(20)
23 　汇总信息	(剪力墙)
24 　压墙筋	3Φ20
25 　纵筋构造	设置插筋

编辑其它钢筋

其它钢筋列表：

	钢筋信息	图号	钢筋图形	长度(mm)	加强筋类型
1	Φ14@1500	18	200 ⌐ 1175	1375	垂直加强筋
2					

图 10-80　垂直加强筋处理

（1）钢筋信息：提供两种输入方式，当格式为 C14@150 时，表示墙长范围内布置间距 150 直径为 14 的三级垂直加强筋，加强筋根数 = 墙长 /150+1；当格式为 15C14 时，表示墙长范围内布置 15 根直径为 14 的三级垂直加强筋。

（2）图号：软件依据弯折及弯钩形式内置多种参数图，如图 10-81 所示。

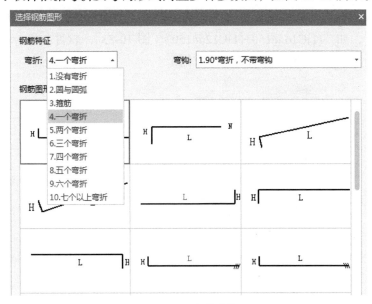

图 10-81　钢筋图号

结合案例图纸信息（图 10-79），图号选择一个弯折、90° 弯折，不带弯钩参数图。

（3）钢筋图形：长度 = 垂直长度 + 弯折长度

$$= 筏板厚度 - bhc（40）+815+100+ 弯折长度（200）$$

$$=1375$$

（4）加强筋类型：提供两种选择方式，选择"垂直加强筋"，软件根据墙长计算加强筋根数；选择"水平加强筋"，软件根据墙高计算加强筋根数。

以上为局部垂直附加钢筋绘制注意事项，实际算量过程中需要根据实际工程图纸进行选择。

3. 剪力墙内外侧钢筋不一致时应如何处理？

实际工程中经常会出现剪力墙内外侧钢筋不一致的情况，如图 10-82 所示。

名称	标	墙厚	水平分布筋	垂直分布筋	拉筋	备注
Q1（2 排）	-2.200~-0.180	250	Φ10@200	Φ10@200	Φ6@600×600	内墙
Q2（2 排）	-2.200~-0.180	220	Φ10@200	Φ10@200	Φ6@600×600	内墙
Q3（2 排）	-2.200~-0.180	200	Φ12@200	Φ10@200	Φ6@600×600	内墙
Q4（2 排）	-2.200~-0.180	250	Φ12@200	Φ14@150	Φ6@600×450	内墙
Q5（2 排）	-2.200~-0.180	350	Φ14@150 Φ12@150	Φ14@150 Φ12@150	Φ6@450×450	外墙（挡土）
Q6（2 排）	-2.200~-0.050	350	见图①		Φ6@450×450	窗并墙（挡土）
Q7（2 排）	-2.200~-0.180	350	Φ14@150 Φ12@150	Φ14@150 Φ12@150	Φ6@450×450	外墙（挡土）
Q8（2 排）	-2.200~-0.180	250	Φ14@200 Φ12@200	Φ14@200 Φ14@200	Φ6@600×600	外墙（挡土）

图 10-82　剪力墙内外侧钢筋不一致

剪力墙内外侧钢筋不同时，软件具体操作步骤如下：

第一步：设置参数。属性窗口中水平分布钢筋或垂直分布钢筋输入"左侧钢筋信息＋右侧钢筋信息"，如"(1)C14@150+(1)C12@150"（图 10-83），软件判断标准：＋号前为外侧钢筋（即左侧），＋号后为内侧钢筋（即右侧）。

属性列表		
属性名称	属性值	附加
1　名称	JLQ-2	☐
2　厚度(mm)	200	☐
3　轴线距左墙皮...	(100)	☐
4　水平分布钢筋	(1)Φ14@150+(1)Φ12@150	☐
5　垂直分布钢筋	(1)Φ14@150+(1)Φ12@150	☐
6　拉筋	Φ6@600*600	☐
7　材质	预拌砼	☐
8　混凝土类型	(预拌混凝土)	☐
9　混凝土强度等级	(C20)	☐
10　混凝土外加剂	(无)	
11　泵送类型	(混凝土泵)	
12　泵送高度(m)		
13　内/外墙标志	外墙	☑
14　类别	混凝土墙	☐
15　起点顶标高(m)	层顶标高	☐

图 10-83　剪力墙内外侧钢筋设置

第二步：绘制剪力墙。绘制过程中按照顺时针方向绘制完成后，可通过工具菜单栏下"显示方向"（快捷键"~"）功能显示图元方向来查看是否绘制准确（图 10-84）。若未按照顺时针方向绘制，可选中该墙体→点击鼠标右键→选择"调整方向"功能进行修改，如图 10-85 所示。

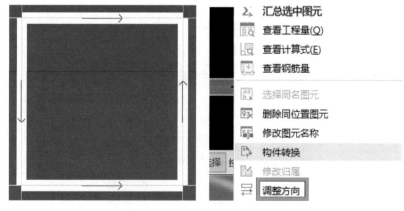

图 10-84　查看墙体绘制方向　　　　　图 10-85　墙体调整方向

注意：

（1）手动绘制或识别剪力墙后，需要查看剪力墙表中是否存在内外侧钢筋不一致的情况，必要时可通过"调整方向"功能进行修改。

（2）墙体内外侧钢筋不一致时，不同的绘制顺序对工程量存在影响。《22G101—1》平法图集中针对转角墙水平钢筋规定如下：外侧钢筋连续通过，内侧钢筋伸至对边弯折 15d，如图 10-86 所示。

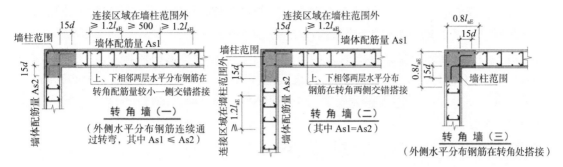

图 10-86 《22G101—1》平法图集第 2-19 页转角墙水平钢筋布置方式

按照软件设置原则输入剪力墙钢筋信息（图 10-83），顺时针或逆时针绘制的结果不同，如图 10-87 所示。

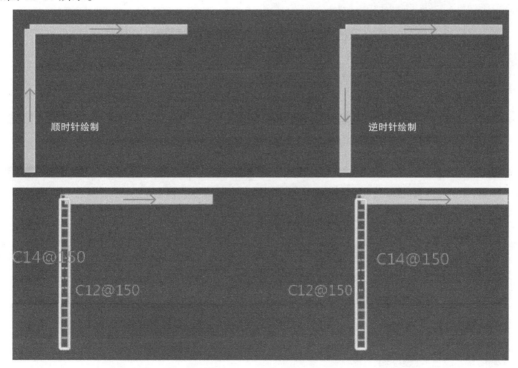

图 10-87　不同绘制顺序结果呈现

综上所述，当剪力墙体出现内外侧钢筋不一致时，需要按照顺时针方向绘制。

4. 变截面墙体应如何设置钢筋及装修？

实际工程中经常会出现变截面墙体，如图 10-88 所示，这种形式的墙体钢筋应如何处理？

墙体竖向变截面时绘制需要注意两个方面：一方面为变截面钢筋处理，另一方面为变截面处装修处理。分析图纸（图 10-88）得出：

（1）钢筋信息：变截面墙体顶面，突出一侧垂直分布钢筋伸至墙顶弯折 12d（依据

《22G101—1》平法图集第 2-22 页），平齐面垂直分布钢筋连续通过，伸至上层墙体进行锚固，上层墙体垂直分布钢筋下伸。

（2）装修信息：变截面顶面凸出部位抹灰及块料装修依据实际情况确定是否计算。

软件中处理变截面墙体钢筋设置操作步骤：

第一步：新建剪力墙，修改剪力墙属性窗口中垂直分布钢筋信息为："（1）2C22@200+*（1）C16@150"（图 10-89）。若出现其他特殊钢筋方式，可通过点击分布钢筋单元格后三点按钮 垂直分布钢筋 2@200+*(1)C16@150 ⋯ ，结合钢筋小助手了解更多特殊钢筋信息输入方式，如图 10-90 所示。

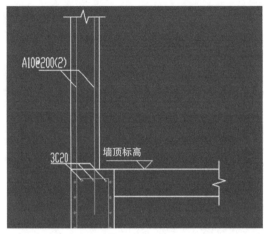

	属性列表	图层管理
	属性名称	属性值
1	名称	WQ8
2	厚度(mm)	350
3	轴线距左墙皮距离(...	(175)
4	水平分布钢筋	(2)Φ10@100
5	垂直分布钢筋	(1)Φ22@200+*(1)Φ16@150
6	拉筋	Φ6@600*600
7	材质	现浇混凝土
8	混凝土类型	(低流动性混凝土碎石粒径40mm)

图 10-88   变截面墙体钢筋设置   图 10-89   变截面墙体定义

	属性列表	图层管理
	属性名称	属性值
1	称	JLQ-1
2	变(mm)	200
3	线距左墙皮距离(mm)	(100)
4	平分布钢筋	@150+(1)C12@150
5	直分布钢筋	(2)Φ12@200
6	筋	Φ6@600*600
7	质	现浇混凝土
8	凝土类型	(碎石最大粒径40mm ...
9	凝土强度等级	(C25)
10	凝土外加剂	(无)
11	送类型	(混凝土泵)
12	送高度(m)	
13	外墙标志	内墙
14	剖	混凝土墙

钢筋输入小助手

钢筋信息： (1)C14@150+(1)C12@150

格式：

(2)C12@200
(1)C14@200+(1)C12@200
(1)C12@200+(1)C10@200+(1)C12@200
(2)C14/C12@200
(2)C14@200/(2)C12@200
(2)C14@200[1500]/(2)C12@200[1500]

(排数)+级别+直径+@+间距，排数没有输入时默认为2。

小技巧：双击可直接添加至钢筋信息   确定   取消

图 10-90   钢筋小助手

第二步：选中该剪力墙，选择"属性"窗口/钢筋业务属性/节点设置，按照图纸及平法要求修改第 10 项：垂直筋楼层变截面锚固节点，修改上层插筋伸入下层墙内长度和下层纵筋伸至板顶弯折长度，如图 10-91 所示。

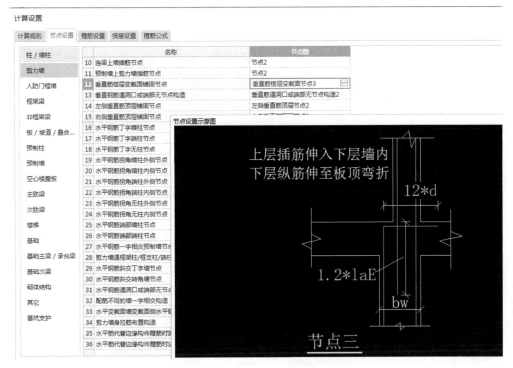

图 10-91　变截面墙节点设置

第三步：采用顺时针方向绘制剪力墙→汇总计算→查看墙体钢筋三维，右侧钢筋伸至墙顶进行弯折 12d，如图 10-92 所示。

图 10-92　变截面墙钢筋三维

　　综上所述，变截面墙体钢筋需要在定义界面修改钢筋信息及对应节点设置，若出现内外侧钢筋不一致的情况，绘制时按照顺时针方向进行绘制。

　　另外，若出现变截面的地方没有楼板，则装修需要增加变截面处顶部露出部分的面积，软件根据内置计算规则，已考虑此部分抹灰面积，可通过三维扣减图查看计算位置，如图10-93所示。

图 10-93　顶部抹灰三维显示

5. 暗柱位置是否需要绘制剪力墙？

实际绘制过程中，有暗柱的地方是否需要绘制剪力墙？如图10-94所示。

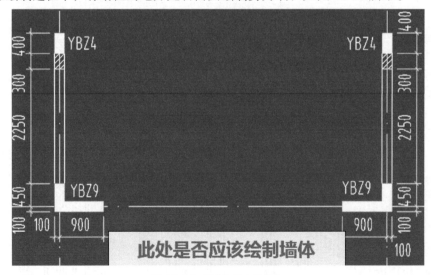

图 10-94　暗柱与剪力墙相交

　　软件中剪力墙的绘制方式主要分为两种：暗柱位置绘制剪力墙；暗柱位置不绘制剪力墙，如图10-95所示。

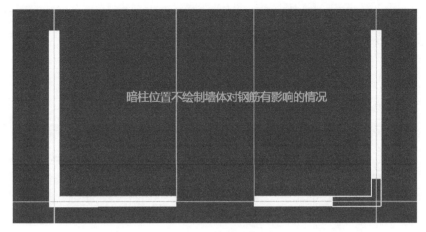

图 10-95　剪力墙绘制形式

两种不同的绘制方式，对于墙体水平钢筋量有一定的影响，具体如下：

第一种：暗柱位置绘制剪力墙，剪力墙外侧钢筋连续通过，内侧钢筋伸至对边弯折 15d，如图 10-96 所示。

第二种：暗柱位置不绘制剪力墙，剪力墙内外侧钢筋伸至对边弯折 10d，如图 10-97 所示。

图 10-96　暗柱位置绘制剪力墙

图 10-97　暗柱位置未绘制剪力墙

备注：此种情况下，剪力墙内外侧钢筋伸至对边弯折 10d，来源依据为《22G101—1》平法图集第 2-19 页的剪力墙端部构造，如图 10-98 所示。

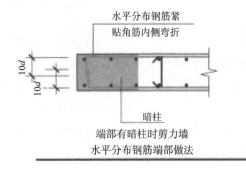

图 10-98　《22G101—1》平法图集第 2-19 页剪力墙水平钢筋端部构造

　　按照《22G101—1》平法图集规定：转角墙位置有暗柱时，剪力墙外侧钢筋连续通过，内侧钢筋伸至对边弯折 15d，如图 10-99 所示。

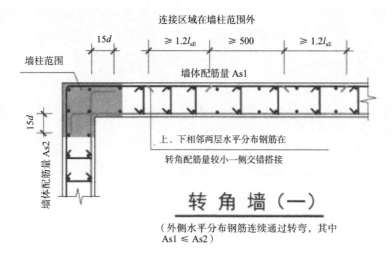

图 10-99　《22G101—1》平法图集第 2-19 页转角墙水平钢筋构造

　　综上所述，剪力墙与暗柱绘制原则：暗柱位置需要绘制剪力墙，暗柱只是剪力墙钢筋加强带，模板和混凝土工程量均按照剪力墙计算。

10.2.4　砌体墙类别是否需要修改？

　　软件中砌体墙类分为：砌块墙、间壁墙、填充墙等，如图 10-100 所示。

图 10-100　砌体墙类别划分

　　软件材质类别的划分和当地清单定额计算规则有关系，各地区砌体墙类别划分有细微差别。类别中的砌块墙和填充墙为常见类别，二者适用于不同的场景，如图 10-101 所示。

　　砌体墙和填充墙是两个不同的概念：砌块墙是墙的材质，即用砌块砌筑的墙体；填充墙是墙体的性质，即框架结构后砌的填补墙体，可以用砌块也可以用其他材质砌筑。软件中不同类别墙体之间存在扣减关系（图 10-102），考虑实际施工工艺及墙体作用，将两种墙体扣减优先级设置为：砌体墙 > 框架间墙 > 填充墙，故选择墙体类别时一定要遵循实际施工工序进行选择。

砌体墙	定义：指的是用块体和砂浆通过一定的砌筑方法砌筑而成的墙体，包括实心砖、空心砖等。 特点：可作为称重构件，为板支座，出现在砖混结构或剪力墙结构中
填充墙	定义：起维护和分隔作用，重量由柱、梁承担，填充墙不承重。 特点：一般应用于框架、剪力墙的结构 ①填充墙：不为板的支座，可与剪力墙重叠绘制，扣减剪力墙的钢筋，可用于剪力墙上施工洞的绘制，且作为连梁智能布置的对象。 ②框架间填充墙：不为板的支座，不能与剪力墙重叠绘制，且不作为连梁智能布置的对象
两者间关系	墙体扣减级别 砌体墙 > 框架间墙 > 填充墙

图 10-101　砌体墙与填充墙的区别

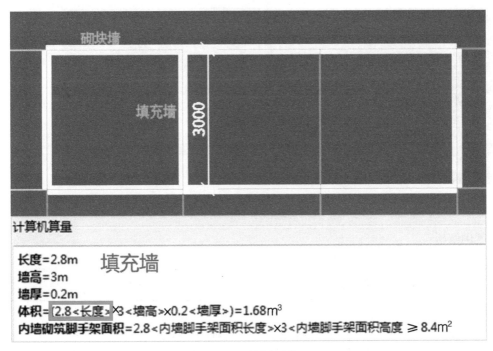

图 10-102　墙体扣减关系

　　在剪力墙结构中还会涉及施工预留洞。施工预留洞是剪力墙结构中常见的结构形式，主要是为了便于施工，方便人员材料的通行和运输而设置的施工洞，后期在洞口位置会用墙体进行填充。施工预留洞所涉及的墙体材料有两种，一种是砌体，另一种是剪力墙，如图 10-103 所示。

　　对于施工预留洞的处理，目前有两种绘制方式：

　　第一种：剪力墙在施工洞位置断开绘制，之后再绘制连梁和填充墙（砌块墙）。

　　第二种：剪力墙连通绘制，施工洞部分直接用填充墙填充。

　　两种绘制方式对于剪力墙工程量有一定的影响，以实际案例进行对比。

案例介绍：层高 3m，墙长 9m，施工洞长 3m，高 2.6m；连梁宽 200mm，高 400mm，长 3m；墙、连梁属性按照软件默认值计算，如图 10-104 所示。

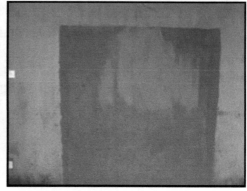

图 10-103　施工洞施工两种材质

图 10-104　案例信息模型

案例解析：

对比两种绘制方式对工程量的影响：

第一种：剪力墙断开绘制，各构件工程量计算结果如图 10-105 所示。

混凝土工程量

序号	编码	项目名称	单位	工程量
1	010401008001	填充墙	m3	1.56
2	010504001001	直形墙	m3	3.6

混凝土体积：

填充墙：1.56m³

直形墙：3.6m³

钢筋工程量

构件类型	合计(t)	级别	6	10	12	25
剪力墙	0.003	Φ	0.003			
	0.438	Φ			0.438	
连梁	0.106	Φ		0.024		0.082
合计(t)	0.003	Φ	0.003			
	0.544	Φ		0.024	0.438	0.082

钢筋工程量

连梁：0.106 t

直形墙：一级钢0.003 t

三级钢0.438 t

图 10-105　断开绘制构件工程量

第二种：剪力墙通长绘制，各构件工程量计算结果如图 10-106 所示。

混凝土工程量

序号	编码	项目名称	单位	工程量
1	010401008001	填充墙	m3	1.56
2	010504001001	直形墙	m3	3.6

混凝土体积：

填充墙：1.56m³

直形墙：3.6m³

钢筋工程量

构件类型	合计(t)	级别	6	10	12	25
剪力墙	0.003	Φ	0.003			
	0.367	Φ			0.367	
连梁	0.106	Φ		0.024		0.082
合计(t)	0.003	Φ	0.003			
	0.473	Φ		0.024	0.367	0.082

钢筋工程量

连梁：0.106 t

直形墙：一级钢0.003 t；

三级钢0.367 t

图 10-106　通常绘制构件工程量

对比两种绘制方式，剪力墙量差主要存在于三级钢，结合钢筋明细表分析，量差来源主要为竖向钢筋根数计算设置，如图 10-107 所示。

20	水平钢筋根数计算方式	向上取整+1
21	垂直钢筋根数计算方式	向上取整+1
22	墙体拉筋根数计算方式	向上取整+1

图 10-107　垂直筋计算方式

（1）断开绘制：剪力墙分两段绘制，垂直钢筋根数计算时向上取整 +1，计取两次。

（2）通长绘制：剪力墙绘制一段，垂直钢筋计算时向上取整 +1，记取一次。

综上分析，通长绘制剪力墙要比断开绘制情况下的竖向钢筋工程量少。

拓展：（1）剪力墙长度若超过水平定尺长度，两种绘制方式对于剪力墙的水平钢筋量将会产生影响，通长绘制时其水平钢筋计算搭接长度，断开绘制时其水平钢筋不计算搭接长度。

（2）砌墙体类别中包含砖墙、间壁墙、虚墙。各类别墙的计算规则如图 10-108 所示。

构件	构件类别	计算规则
砌块墙	砌体墙	填充墙、框架间墙按设计图示尺寸以填充墙外形体积计算 砌体墙＞框架间墙＞填充墙
	填充墙	
	框架间墙	
	砖墙	工程量与计算设置第 11 条墙厚模数有关（定义 60，实际 53）
	间壁墙	计算楼地面工程量时不扣除间壁墙所占面积
	虚墙	只是起到隔断作用，不计算及影响任何工程量
板	有梁板	主梁间的净尺寸计算
	无梁板	板外边线的水平投影面积计算
	平板	主墙间的净面积计算

图 10-108　砌体墙类别计算规则

1）砖墙在计算时，图纸中标注的四分之一砖墙厚度为 60mm，实际体积是按照厚度53mm 计算的，软件中可以通过调整计算设置、墙厚模数设置进行修改、添加或删除，如图 10-109 所示。

图 10-109　标准砖砌体计算厚度表

2）间壁墙，指用轻质材料，从完成地面到天棚顶的隔断墙，指在地面面层做好后再进行施工的墙体，一般指厚度小于或等于 120mm 的墙体。楼地面工程量计算时，不扣减间壁墙所占的面积。

综上所述，墙体类别选择需要通过构件概念及施工工艺进行判定，结合实际施工情况进行绘制方式的选择。

10.2.5　特殊基础绘制注意事项

1. 地下梁判断标准。

查看基础梁图纸时，是否有类似的疑问：位于基础层的梁应该使用什么构件绘制？基础梁、承台梁还是基础联系梁（图 10-110）？不同设计人员习惯不同，标注也不同，导致图纸上经常出现构架名称不符合图集制图标准的情况，如基础层会出现 DL、JL、JKL、DKZLY 等标注，这种情况下应该使用什么构件进行绘制？不同的绘制方法对工程量是否有影响？

首先分析梁类别在图集和软件中的划分，如图 10-111 所示。

对于常见的楼层框架梁、屋面框架梁、非框架梁等构件，图集中的计算方式略有不同。例如楼层框架梁上部钢筋需伸至对边弯折 15d，而屋面框架梁的上部钢筋需伸至对边弯折至梁底等；对于框支梁、井字梁、基础联系梁和承台梁，它们的区别是什么？

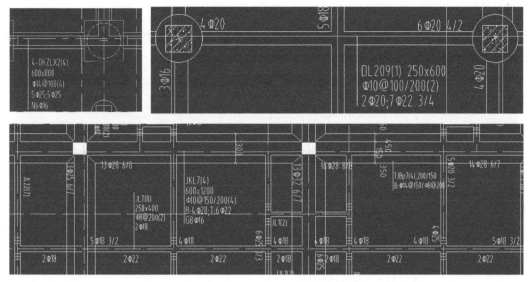

图 10-110　梁名称在图纸中的表达

22G 图集梁分类	梁代号	软件构件	软件类别
楼层框架梁	KL	梁	楼层框架梁
楼层框架扁梁	KBL	梁	楼层框架扁梁
屋面框架梁	WKL	梁	屋面框架梁
非框架梁	L	梁	非框架梁
框支梁	KZL	梁	框支梁
井字梁	JZL	梁	井字梁
基础联系梁	JLL	梁	基础联系梁
基础梁	JL	基础梁	基础主梁
承台梁	GTL	基础梁	承台梁

图 10-111　《22G101—1》平法图集中梁的划分

（1）框支梁：由于建筑结构底部需要大空间的使用要求，部分结构的竖向构件（剪力墙、框架柱）不能直接贯通落地，需要设置转换层（框架剪力墙结构），框支梁即转换层中承托剪力墙的梁。

（2）井字梁：井字梁高度相当，同位相交，呈井字形。一般用于楼板呈正方形或者长宽比小于 1.5 的矩形的情况，图纸中一般用单粗虚（实）线表示。

（3）基础梁：一般用于框架结构、框架剪力墙结构。框架柱位于基础梁上或基础梁交叉点上，其主要作用是作为上部建筑的基础，将上部荷载传递到地基。

（4）承台梁：当基础为桩时，在桩口起的地梁，一般比承重梁配合比高，结构要求高，起稳定作用。

（5）基础联系梁：连接独立基础、条形基础或桩基承台的梁；基础以上、±0.00 以下的梁需要分析其受力情况，由设计者确定是否是基础联系梁。

其中对于基础联系梁和基础梁，从平法图集出发，重点分析这两类梁的特点。

1）基础梁特点：

①受地基承载力作用影响，基础梁的纵向钢筋位置与框架梁相反，例如基础梁的支座负筋在梁的下部，如图10-112所示。

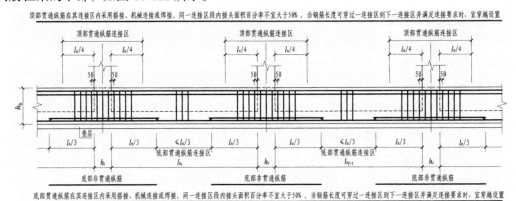

图 10-112　《22G101—3》平法图集第 2-23 页基础梁钢筋构造

②基础梁的通长筋在梁端部的锚固值 *la* 从基础开始计算，锚固区内无箍筋，如图10-113 所示。

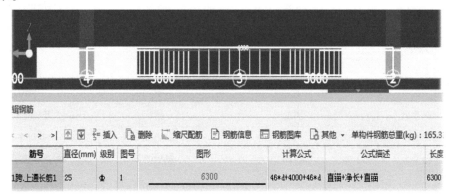

图 10-113　基础梁在端部的锚固构造

2）基础联系梁特点：

基础联系梁顶与基础顶平齐时，通长筋从柱边锚固 *la*；梁顶高于基础顶，不满足直锚时则弯锚，如图10-114 所示。

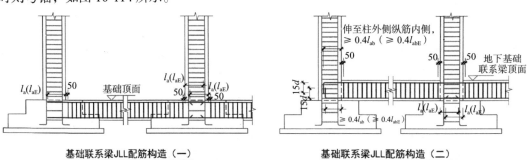

图 10-114　基础联系梁的锚固构造

3）基础梁与基础联系梁的区分方式，可参考以下建议：

①查看楼层。

a.基础层通常包含（包括基础层）：基础梁、基础联系梁、承台梁；

b.非基础层通常包含：连梁、楼层框架梁、屋面框架梁、非框架梁、井字梁、框支梁、托柱转换梁。

②判断支座关系。

a.支座为独立基础、条形基础或桩基承台的梁，可能是基础联系梁；

b.配置在桩的顶部，直接替换桩上部承台构件的梁是承台梁。

③查看标注信息。

a.基础梁受力与框架梁相反，故原位标注位置也相反；

b.基础联系梁标注位置同框架梁标注。

④判断梁作用。

a.若梁为受力或承重构件，承受墙、板的压力，则可能为基础梁或框架梁；

b.若梁为拉结构件，不承重，只为加强构件间的整体性，则可能为基础联系梁。

综上所述，梁判断结果如图 10-115 所示。

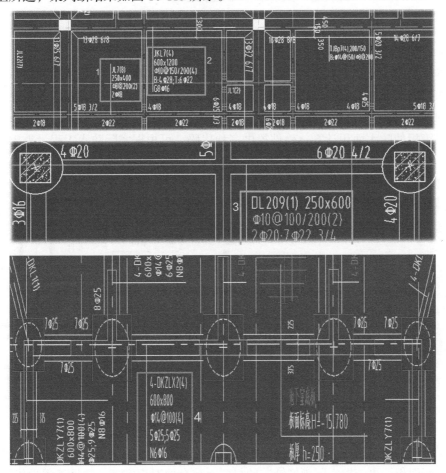

图 10-115　梁判断结果

1- 建议基础联系梁；2- 建议基础梁；3- 建议基础联系梁；4- 建议基础联系梁

2. 筏板基础特殊构造。

筏板与防水板相接位置应如何处理？

在实际工程图纸中，筏板与防水板连接时，通过大样图可以看到筏板有高差和厚度不同的情况，如图10-116所示。

分析筏板变截面大样图得出：左右两块筏板相交角度为60°，右侧筏板（厚度为250mm）向左伸入250mm，左侧筏板（厚度为600mm）向右伸入0mm。

（1）针对混凝土工程量，可使用"筏板变截面"功能进行设置，如图10-117所示。

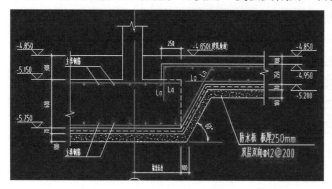

图10-116　筏板变截面大样　　　　　　图10-117　软件中变截面设置

（2）如何快速计算筏板的防水面积？

防水层是为了防止雨水进入屋面，地下水渗入墙体、地下室及地下构筑物，以及室内用水渗入楼面及墙面等而设的材料层。筏板防水层通常设置在垫层和基础筏板之间，四周需要上翻到筏板顶。

针对筏板的防水面积计算，软件提供多种代码，可根据实际防水工程量需求选择不同的代码，快速算量，如图10-118所示。

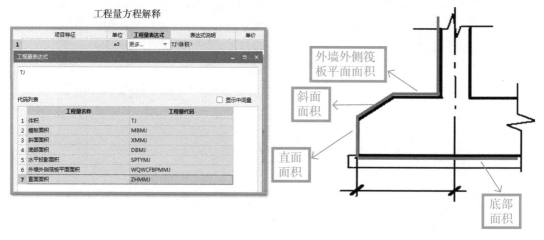

图10-118　筏板防水代码

根据施工工艺及规范得出：筏板防水面积＝底部面积＋直面面积＋斜面面积＋外墙外侧筏板平面面积，再依据实际现场铺装的材料直接套取对应定额，选择工程量代码即可。

注意：软件通过封闭外墙判断内外侧，"外墙外侧筏板平面面积"工程量需要在地下室外墙封闭的情况下才能正确计算。除此以外，软件中凡是涉及"内外侧"代码，如钢丝网片中"外墙内 / 外侧钢丝网片总长度"、挑檐中"檐内 / 外面积"等，均需在外墙封闭的前提下才能正确计算。如果工程中存在车库入口、没有外墙等情况，可以通过"虚外墙"进行封闭处理。

（3）如何处理基础砖胎膜？

砖胎模是用标准砖制作的模板，待有一定强度后，进行混凝土浇筑工作；模板本身不是工程实体的组成部分，只能算是施工中的一项措施，费用算在措施费中；砖胎模一般用于地下室外墙外防水或者模板不易拆除的部位，砌好后尺寸和强度须符合设计要求。

针对砖胎膜的计算，在软件中，切换至"砖胎膜"构件直接新建，用"直线绘制"或者"智能布置"（图 10-119），砖胎膜的标高可以根据工程实际进行调整，同时支持"单边"或"多边"布置，既可计算体积，又能计算抹灰面积，出量灵活方便。

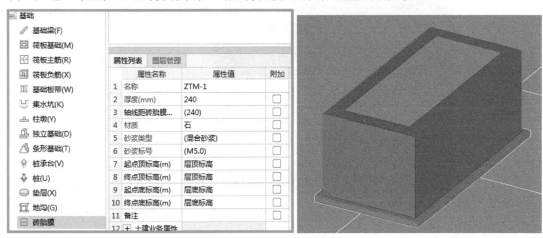

图 10-119　砖胎膜绘制

（4）筏板封边钢筋应如何处理？

筏板封边构造通常有两种情况：一种为交错封边，另一种为 U 形封边，如图 10-120 所示。

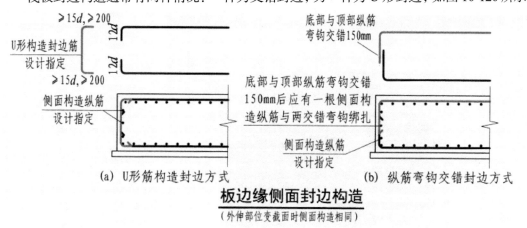

图 10-120　《22G101—3》平法图集第 2-37 页板边缘侧面封边构造

在实际工程中也经常会碰到这种情况：筏板设置封边钢筋，封边方式为上下层钢筋在端部交错 150mm，同时需要布置侧面的架立筋，如图 10-121 所示。

　　针对交错封边，软件中可通过修改"节点设置"直接处理，修改"筏板基础端部外伸钢筋上部构造"和"筏板基础端部外伸钢筋下部构造"为"节点 2"，钢筋端部搭接长度为 150 即可解决，如图 10-122 所示。

　　注意：①若只修改单个筏板，在修改设置时，不能直接修改工程设置页签的"计算设置"，而应选中需要调整的筏板基础，修改属性对话框中的"节点设置"。

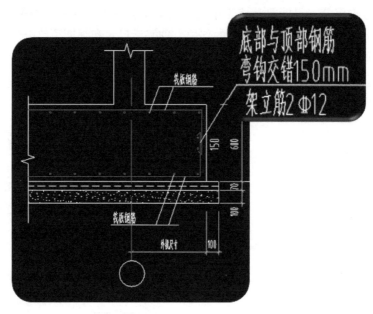

图 10-121　筏板封边钢筋大样

　　②针对图 10-121 中的两根侧面钢筋，可在筏板属性"筏板侧面纵筋"中直接输入，如图 10-123 所示。

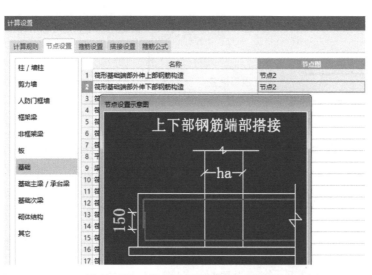

图 10-122　封边钢筋交错搭接 150 节点设置

图 10-123　筏板侧面纵筋处理

（5）筏板阳角放射筋应如何处理？

阳角放射筋一般布置在屋面板挑出部分的四个角处，呈放射状布置。放射筋常设置在挑檐板转角、外墙阳角、大跨度板的角部等处，这类地方容易产生应力集中，造成混凝土开裂。施工时，往往不如"几何画图"那样细致精密。例如，阳角放射筋有 7 根，尽管给出的长度是"分角线上的那一根"（最长的一根），但是一般的做法是"7 根都做成同样的长度"摆放起来。在"施工图"标注阳角放射筋时，已经给出钢筋的根数及长度，如图 10-124 所示。

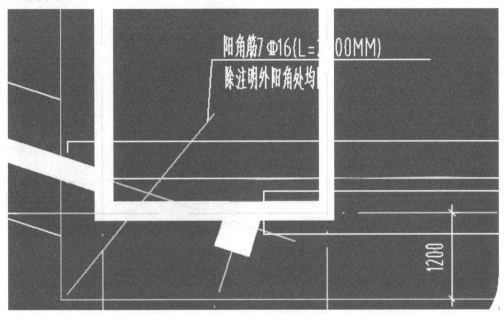

图 10-124　筏板阳角放射筋

针对阳角放射筋工程量，软件存在两种解决方案："其他钢筋 / 表格输入"或"自定义钢筋"。

1）其他钢筋 / 表格输入。

在其他钢筋或表格输入中（图 10-125）按照图纸信息输入钢筋级别、直径、长度及根数，软件自动计算。

图 10-125　其他钢筋 / 表格输入

2）自定义钢筋。

点击"自定义"构件下的"自定义钢筋"，新建线式自定义钢筋，输入钢筋信息，设置"起点弯钩"及"终点弯钩"，在"端头设置"中修改端头遇其他构件的锚固长度及端部的弯折长度，点击"直线"绘制，"点加长度"打钩，"长度"中输入阳角放射筋长度，按照图示位置绘制即可，如图 10-126 所示。

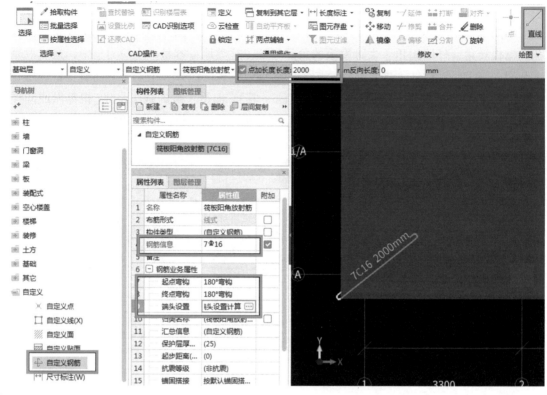

图 10-126　自定义钢筋

（6）筏板附加钢筋应如何处理？

实际工程中，筏板基础除了基本的上下层钢筋以外，还会在一些特定区域单独增加钢筋，包括底筋和面筋，如图 10-127 所示。

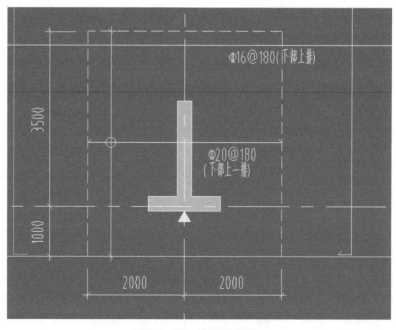

图 10-127　筏板附加钢筋

软件中，可以通过布置受力筋的方法来处理筏板附加钢筋：新建筏板底、面筋（筏板主筋）→布置受力筋（采用"自定义范围"功能）→按垂直／水平分别布置受力筋。

注意：采用"自定义范围"布置钢筋时，CAD 线的交点不容易捕捉，可以利用"交点"功能（图 10-128）快速找到捕捉点。

图 10-128　交点功能

3. 集水坑特殊构造

随着建筑业的发展，基础形式越来越复杂，集水坑样式也越来越多样化。实际工程中集水坑通常分为单坑和双坑两种类型。

处理集水坑构件时，要考虑多种钢筋的计算：X 向底筋／面筋、Y 向底筋／面筋、坑壁水平筋、X 向／Y 向斜面钢筋，可根据图纸信息在集水坑属性中进行输入。

（1）集水坑属性解释。

1）坑底出边距离（图 10-129）。

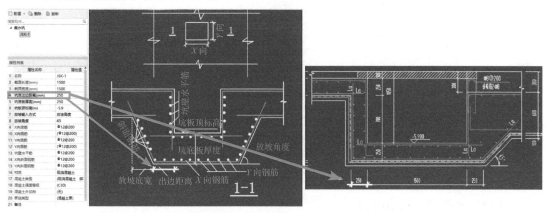

图 10-129　集水坑坑底出边距离

2）坑板顶标高（图 10-130）。

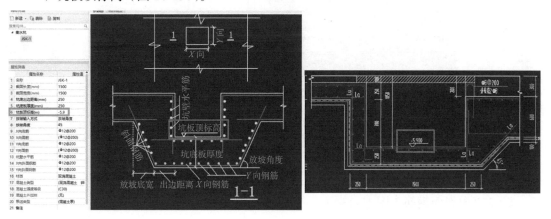

图 10-130　集水坑坑板顶标高

3）放坡角度（图 10-131）。

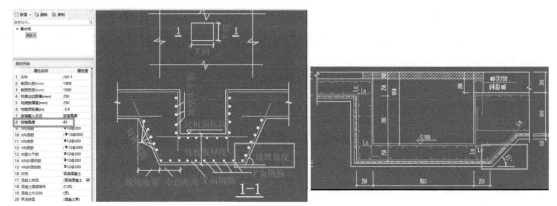

图 10-131　集水坑放坡角度

4）X/Y 向面筋 / 底筋（图 10-132）。

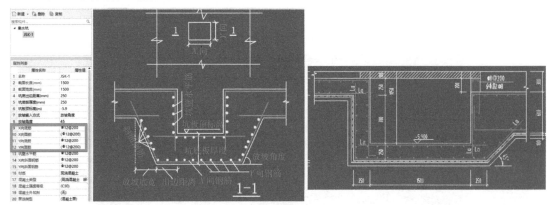

图 10-132　集水坑 X/Y 向面筋 / 底筋

5）坑壁水平筋（图 10-133）。

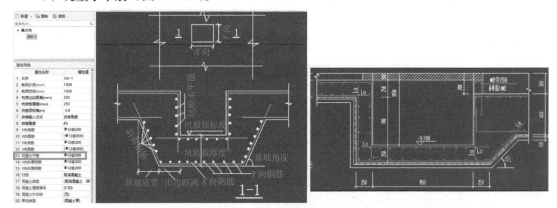

图 10-133　集水坑坑壁水平筋

6）X/Y 向斜面钢筋（图 10-134）。

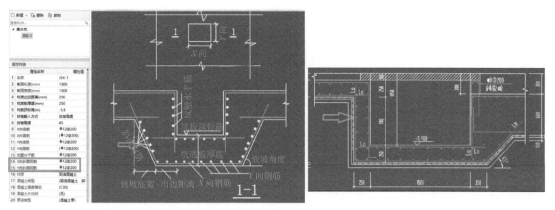

图 10-134　集水坑 X/Y 向斜面钢筋

（2）集水坑不同出边距离和放坡角度应如何处理？

根据集水坑样式，可分为单坑放坡角度与多坑放坡角度两种不同的情况，软件处理方式如下：

①单坑不同放坡角度（图 10-135）。

当集水坑左侧放坡角度为 90°、右侧为 45° 时（图 10-136），使用"调整放坡功能"，选择放坡角度不同的集水坑边线，调整单边放坡。

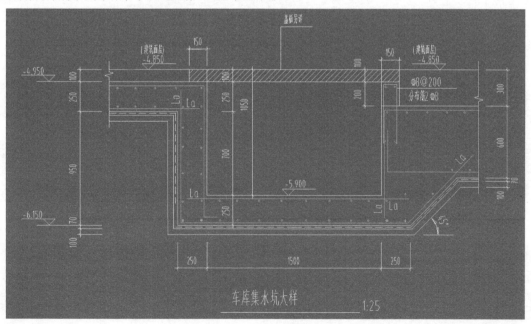

图 10-135　不同放坡角度的集水坑

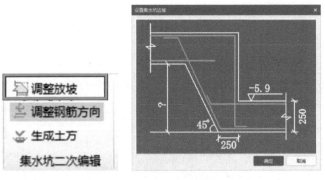

图 10-136　集水坑调整放坡

②双坑不同出边距离。

当两个集水坑相交，且坑底左右出边距离不一致时（图 10-137），可采用单坑布置：按照图纸信息，定义两个集水坑，根据平面图直接"点"绘制，相交处软件会自动扣减，绘制完成后可使用"视图"下的"局部三维"功能检查相交处扣减关系，如图 10-138 所示。

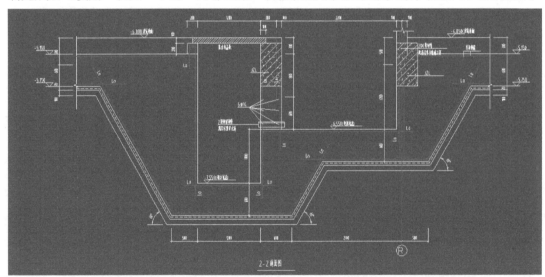

图 10-137　双坑集水坑

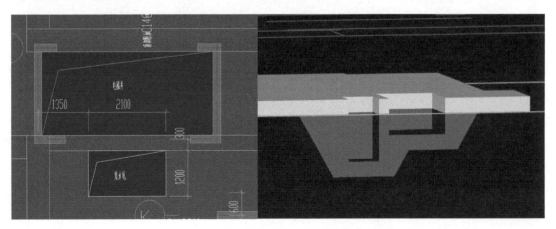

图 10-138　双坑集水坑绘制

集水坑存在左右两边出边距离不一样的情况，同样可使用"调整放坡"功能处理。

（3）集水坑与筏板相接位置一侧没有坑壁水平筋应如何处理？

实际工程图纸中当出现集水坑与筏板交接位置其中一侧没有设置坑壁水平筋时（图10-139），与普通集水坑钢筋布置形式不同。针对此种形式，软件中需要二次调整钢筋设置。

操作步骤：选中需要调整的集水坑→触发"钢筋三维"和"编辑钢筋"→找到需要删除的钢筋进行删除→点击锁定命令，将调整过钢筋的集水坑锁定。

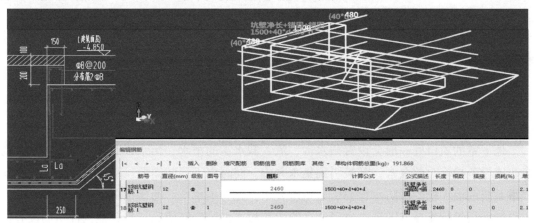

图 10-139　坑壁钢筋调整

（4）集水坑上的盖板支撑应如何处理？

实际工程中，集水坑上方存在盖板时，若集水坑两边筏板高度不同，通常在低筏板一侧设置盖板支撑，如图10-140所示。

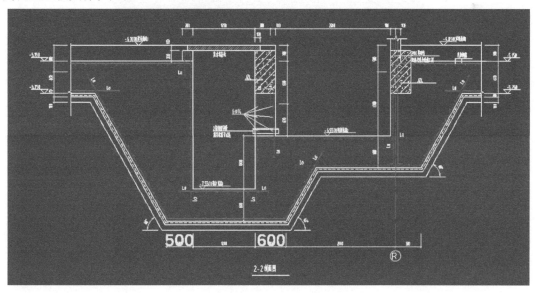

图 10-140　集水坑盖板

针对集水坑盖板支撑，可通过新建异形栏板、调整钢筋信息处理。

操作步骤：新建异形栏板并根据图纸定义尺寸信息→通过截面编辑功能布置钢筋→将定义好的栏板布置到图纸对应位置，如图10-141所示。

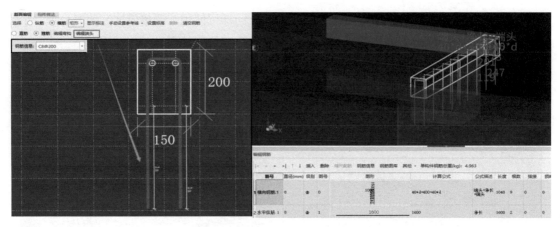

图 10-141 异形栏板处理盖板构件

（5）集水坑盖板应如何处理？

地下室的入口处一般会设置截水沟，流入截水沟的雨水、污水以及生活水箱、水泵的余水或设备检修时的余水，都被引到集水井中。同时由于消防需要，一旦发生火灾，自动喷淋系统或消火栓的消防水也要引到集水井中，此为集水坑。通常情况下，会在集水坑上方设置盖板进行支撑，图纸中也经常会给出盖板详细的配筋信息，与其他构件钢筋没有锚固关系。如图 10-142 所示。

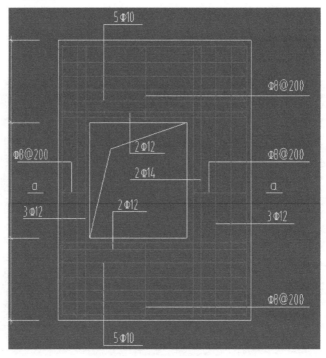

图 10-142 盖板配筋图

盖板需要计算的工程量为：钢筋量、混凝土量、模板量。计算方式如下：

1）钢筋量：可通过"其他钢筋"输入处理或直接采用板受力筋"自定义范围"绘制，如图 10-143、图 10-144 所示。

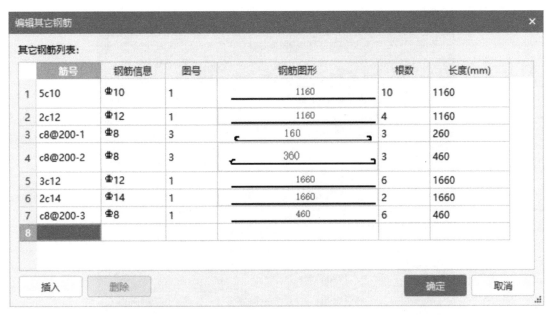

图 10-143　其他钢筋输入

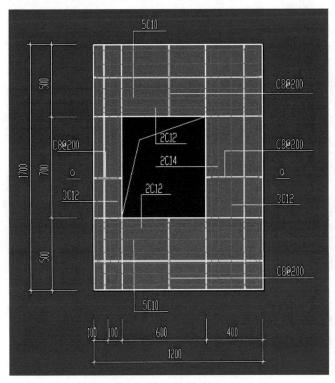

图 10-144　自定义范围绘制板受力筋

2）混凝土量与模板量：通过定义现浇板＋板洞的绘制方式来处理。

（6）集水坑与基础梁相交处的钢筋应如何处理？

实际工程中，经常会出现集水坑坑边上方存在基础梁的情况，如图 10-145 所示。

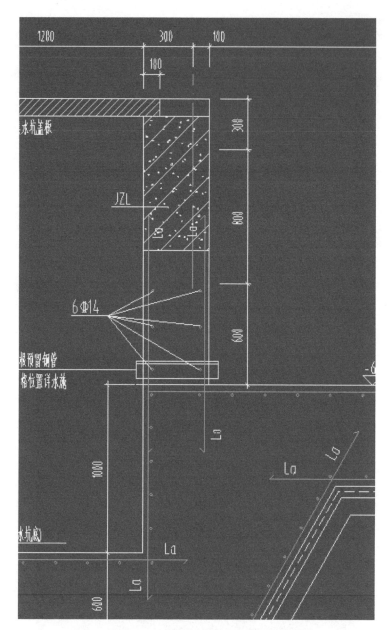

图 10-145   集水坑与基础梁相交大样图

针对这种图纸，通常有两种处理办法。

1）第一种方法：编辑钢筋。

①对于竖向钢筋，可通过修改"编辑钢筋"中的长度计算公式处理。在"编辑钢筋"中将软件默认的计算方式中的默认计算长度（图 10-146）修改为实际计算长度，如图 10-147 所示。

	筋号	直径(mm)	级别	图号	图形	计算公式	公式描述	长度	
19	筏板受力筋.19	16	Φ	578	181 ⌐1910 310 2910 ¬181	310+2355+46*d+1355+46*d	净长+集水坑深度+节点设置锚固长度+集水坑深度+节点设置锚固长度	5492	10

图 10-146   软件默认钢筋计算长度

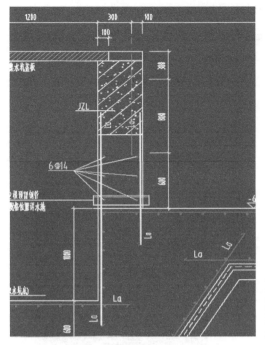

图 10-147 调整钢筋长度

②水平钢筋的调整，也可以通过"编辑钢筋"进行处理。根据图纸信息，修改"编辑钢筋"中的根数，如图 10-148 所示，再将构件"锁定"。

| 48 | 双向坑壁钢筋.1 | 12 | Φ | 1 | | 5704 | 4600+46*d+46*d | 坑壁净长+锚固+锚固 | 5704 | 12 |
| 49 | 双向坑壁钢筋.1(1) | 14 | Φ | 1 | | 5704 | 4600+46*d+46*d | 坑壁净长+锚固+锚固 | 5888 | 3 |

图 10-148 编辑钢筋中调整根数

2）第二种方法：扩大边线，用自定义线代替处理。

在绘制集水坑时把右侧坑扩大，使用"自定义线"绘制中间部位，钢筋通过"自定义线"的"截面编辑"解决，如图 10-149 所示。

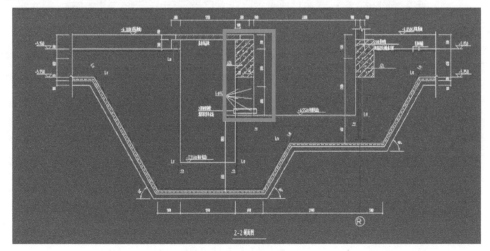

图 10-149 扩大集水坑边线

（7）集水坑钢筋锚入长度与软件默认值不相符时，应如何处理？

实际工程中，经常会遇到图纸给出的锚固长度与软件默认值不相符的情况，这时就需要通过"计算设置"中修改节点，保证工程量计算的准确。

处理方式操作步骤：修改计算设置→节点设置→筏形、承台基础遇集水坑节点，如图 10-150 所示。

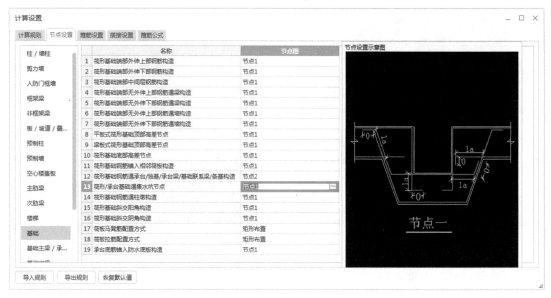

图 10-150　集水坑锚固长度节点设置

（8）剪力墙钢筋伸到集水坑底部弯折应如何处理？

实际工程图纸中规定，集水坑边设置剪力墙，剪力墙竖向钢筋伸至集水坑底部进行弯折，如图 10-151 所示。

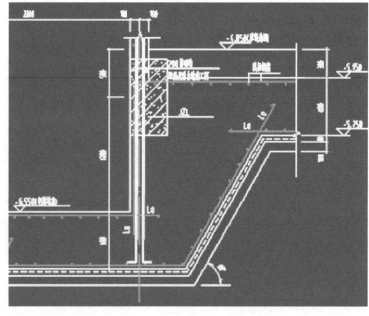

图 10-151　剪力墙钢筋伸入集水坑底部弯折

　　软件中，剪力墙遇到集水坑时，竖向钢筋布置原理为：若只在 −1 层绘制剪力墙，基础层没有剪力墙，剪力墙钢筋会默认伸入筏板底部进行弯折；如果把剪力墙复制到基础层，剪力墙钢筋会伸入集水坑底部进行弯折，如图 10-152 所示。

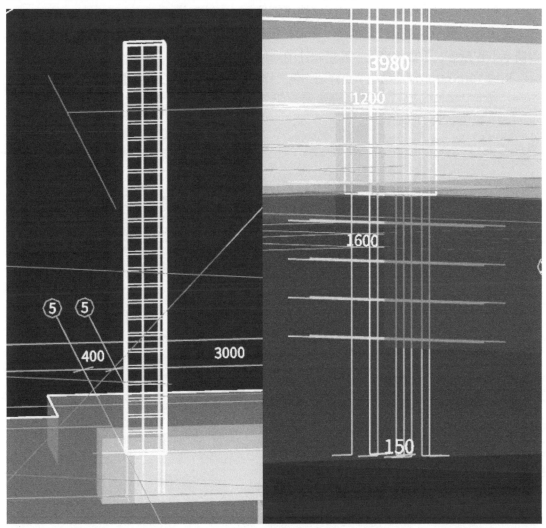

图 10-152　剪力墙钢筋弯折

　　因此实际算量时，根据实际图纸要求，确定在基础层是否绘制剪力墙即可。

10.3　复杂节点专题

　　复杂节点是对工程中以节点详图展示的复杂挑檐、天沟、栏板、悬挑板、压顶等构件的统称。现阶段为了满足工程功能性和美观性的要求，挑檐、天沟、栏板、悬挑板、压顶等构件种类繁多并且造型复杂、配筋多样，这就导致此类构件的钢筋、混凝土、模板、装修、防水、保温等工程量计算起来非常烦琐，是造价工作者算量的难点，部分造价人员通过手算或者单构件计算的方式来处理此类问题，需要花费大量的时间。为此本书设置复杂节点专题，帮助造价工作者提高算量的效率和准确度。以下三种情况可以通过本专题解决：

1. 复杂造型的建模。

2. 复杂节点配筋的布置。

3. 复杂节点的装饰、保温、防水提量。

工程中的挑檐等复杂节点如何能够快速算量？

在实际工程中，需要计算挑檐、异形栏板等节点详图的土建工程量、钢筋工程量、保温防水工程量等，手算效率低，算量软件中如何快速精准处理？

以图 10-153 中的屋面结构节点详图为例，详细讲解复杂节点在软件中的处理流程及方法。

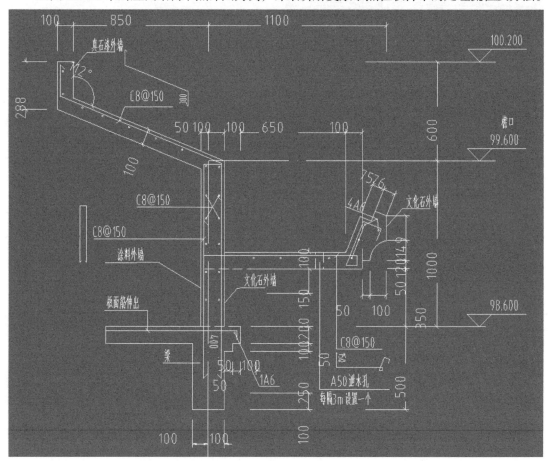

图 10-153　屋面结构大样图

节点大样图（图 10-153）属于复杂屋面结构，包含挑檐、栏板等多种构件，软件处理之前要先区分工程量，新建时分别列项；确定工程量可以参考《房屋建筑与装饰工程工程量计算标准》GB/T 50854—2024 及当地定额规则对于挑檐、天沟、栏板、悬挑板分界线的界定（注意：定额规则需要结合当地实际情况进行确定）。

《房屋建筑与装饰工程工程量计算标准》GB/T 50854—2024（图 10-154）中，其他板与楼板屋面板水平连接时，以外墙外边线为界。结合定额规则（图 10-155），以某地区定额规则为例，屋面混凝土女儿墙高度 > 1.2m 时执行相应墙项目，高度 ≤ 1.2m 时执行相应栏板项目。挑檐、天沟壁高度 ≤ 400mm，执行挑檐项目；高度 > 400mm，按全高执行栏板项目。

010502019	其他板	1. 板名称 2. 混凝土种类 3. 混凝土强度等级	m³	按设计图示尺寸以构件净体积计算。依附其上的混凝土上翻、线条、外凸造型等并入板体积内 其他板与楼板、屋面板水平连接时，以外墙外边线为界；与梁水平连接时，以梁外边线为界；与梁、楼板竖向连接时，以梁、楼板上下表面为界	混凝土输送、浇筑、振捣、养护

图 10-154　《房屋建筑与装饰工程工程量计算标准》GB/T 50854—2024

15. 挑檐、天沟壁高度≤400mm，执行挑檐项目；挑檐、天沟壁高度＞400mm，按全高执行栏板项目。

18. 屋面混凝土女儿墙高度＞1.2m 时执行相应墙项目，≤1.2m 时执行相应栏板项目。

19. 混凝土栏板高度（含压顶扶手及翻沿），净高按 1.2m 以内考虑，超 1.2m 时执行相应墙项目。

图 10-155　某地区定额计算规则

　　本工程案例中，女儿墙高度为 1m，所以执行栏板项目。挑檐、天沟壁高度为 319mm，执行挑檐、天沟项目。所以本工程案例中，屋面节点分别列项新建为：悬挑板、栏板、挑檐、天沟，如图 10-156 所示。

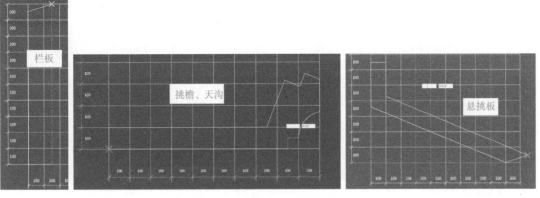

图 10-156　屋面结构分别新建列项

软件中，这类节点大样工程量的计算都可以遵循图 10-157 的流程进行处理。

| 准备工作 | 截面建立 | 编辑钢筋 | 模型绘制 | 装修处理 | 规则调整 | 结果输出 |

图 10-157　复杂节点处理流程

1. 准备工作。

（1）添加图纸。将实际案例图纸添加到 BIM 土建计量平台中。

（2）分割图纸。通过"手动分割"或"自动分割"的方式对图纸进行处理，分割出算量需要的图纸。需要注意：节点大样图需要单独进行分割。

（3）设置比例。为了保障后期出量准确，需要通过"设置比例"确定实际尺寸。由于大样图与平面图比例通常不一致，需要对分割后的大样图单独设置比例。

（4）查找替换。如果实际图纸中出现软件无法识别的文字内容、特殊符号等，可以通过"查找替换"进行替换（准备工作可参考 CAD 导图篇）。

2. 建立异形截面。

在挑檐界面，点击"新建线式异形挑檐"，进入"异形截面编辑器"，软件提供了三种异形截面编辑的功能。

（1）从 CAD 选择截面图：适用于截面线条能够形成封闭区域的大样，通过选择封闭的 CAD 线条完成截面建立。

（2）在 CAD 中绘制截面图：适用于截面线条没有形成封闭区域的大样，通过捕捉 CAD 线交点进行截面图绘制。

（3）手动描图：适用于没有 CAD 图纸或截面形状比较规则的大样，通过"定义网格"（图 10-158），按大样图定位点，水平方向从左到右输入，垂直方向从下向上输入。

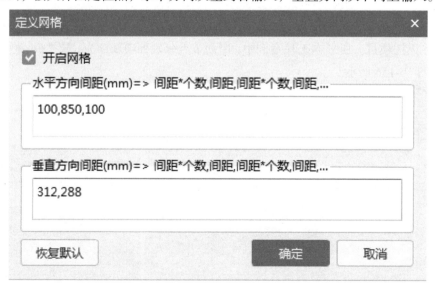

图 10-158　定义网格

本工程案例可以使用"在 CAD 中绘制截面图"功能，通过捕捉节点大样图的 CAD 线交点，快速建立异形截面，在 CAD 描图过程中，如果点击定位点错误，可以通过"Ctrl+

鼠标左键"回退一步，方便快速建立异形截面。在异形截面建立过程中，软件提供了一系列的修改和编辑功能，可以对已经提取的边线进行修改。建立好的异形截面支持"导出""导入"，方便下次重复使用。

本工程案例中，按照图纸分别用挑檐代替新建悬挑板、栏板及挑檐天沟（图 10-159~图 10-161）。定义构件时，注意名称区分，方便后期提量；同时需要注意"设置插入点"（模型绘制时的定位点）的准确性，方便节点绘制。

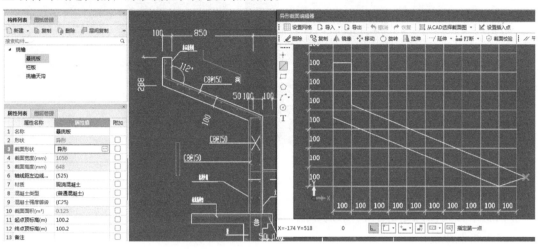

图 10-159 悬挑板异形截面绘制

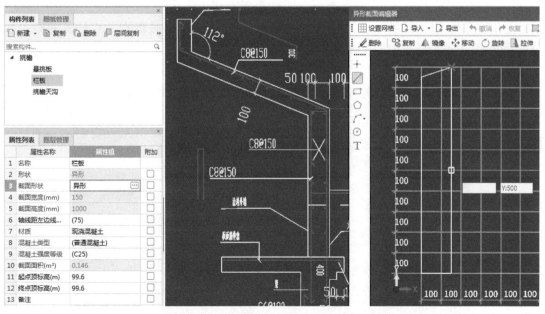

图 10-160 栏板异形截面绘制

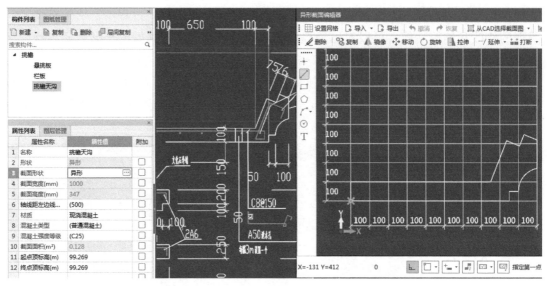

图 10-161 挑檐天沟异形截面绘制

3. 钢筋布置。

钢筋布置流程：截面编辑→绘制纵筋→绘制横筋→设置标高。

（1）绘制纵筋。

点击属性列表左下角"截面编辑"按钮，进行钢筋布置，选择"纵筋"，软件提供"点""直线""三点画弧""三点画圆"四种布置方式，适用于不同场景下的纵筋布置。"钢筋信息"中输入配筋（支持根数＋级别＋直径，如 8C8；或级别＋直径＋间距，如 A8@200），工程中常使用"直线"绘制纵筋，布置时注意图纸中标注的钢筋位置，可选择"含起点""含终点"是否打钩（即直线的起点、终点是否布置钢筋），如图 10-162 所示。

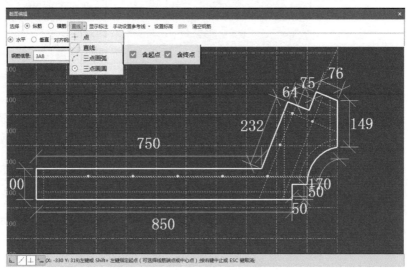

图 10-162 纵筋布置方式

（2）绘制横筋。

点击"横筋"（图 10-163），进行横筋布置，节点大样图大多采用"直线"绘制方式，可以捕捉纵筋点或者参考线的交点。对于钢筋伸出截面部分可以使用"Shift+ 鼠标左键"偏移绘制；或者通过"编辑端头"功能进行调整，选择需要调整的钢筋线，输入延长的长度（软件支持 300，15d，la 等格式），利用"Tab"键，切换输入框，输入角度，"回车"后完成操作。通过"编辑弯钩"功能可以对"弯钩角度"及"弯钩长度"进行修改。

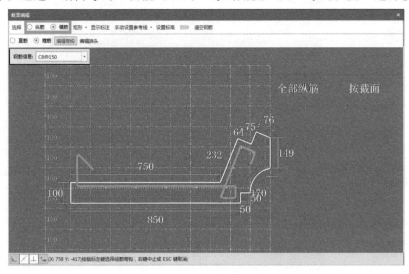

图 10-163　横筋布置方式

（3）设置标高。

节点大样图上一般会在关键位置标注标高，软件提供"设置标高"，可以在软件中根据图纸标注设置标高，不需要计算构件顶标高，如图 10-164 所示。

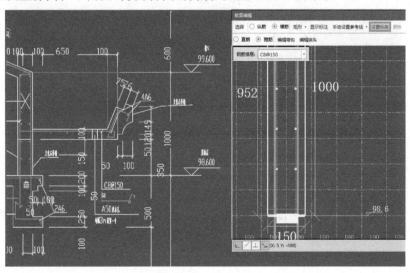

图 10-164　设置标高

（4）模型绘制。

分别选择新建好的悬挑板、挑檐天沟和栏板，切换至平面图，按照 CAD 平面图进行描图。对于相交部位，软件会自动闭合（图 10-165）。绘制过程中可以使用快捷键"F4"改变绘图插入点；当绘制方向错误时，可以选中构件后点击鼠标右键，通过"调整方向"

转换绘制方向；同时注意捕捉点的选择，保障各节点的准确绘制。绘制完成后，可以利用软件提供的"局部三维"功能清晰直观地判断截面的准确性，如图 10-166 所示。

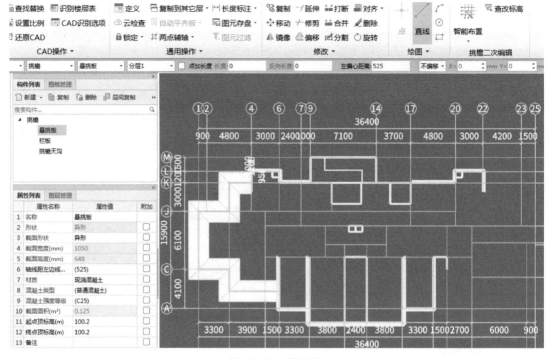

图 10-165　节点绘制

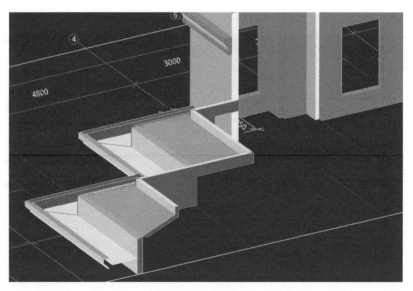

图 10-166　局部三维

4. 装修处理。

软件提供"自定义贴面"功能，实现装修灵活出量。

（1）按照图纸"新建"自定义贴面构件（图 10-167）。

（2）按需选择"做法类型"，软件提供防水、保温、装饰自由组合的选项（图 10-

167），按照工程实际选择，灵活出量。

（3）属性的"显示样式"可以选择"材质纹理"，清晰直观，效果更真实（纹理图片可灵活导入），如图 10-168 所示。

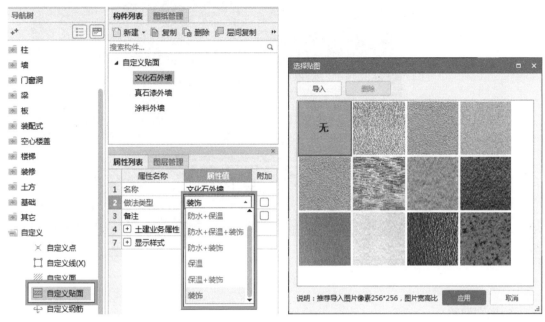

图 10-167　自定义贴面　　　　　　　　　　　图 10-168　材质纹理

（4）绘制。软件提供"点"画和"智能布置"两种方式（图 10-169）。"点"画方式比较灵活，适合单面装修不一致的处理，光标放到对应的位置点击鼠标左键即可布置完成；"智能布置"（图 10-170）可以在柱、梁、挑檐、栏板、压顶、自定义线等构件的截面中一次性布置不同的贴面，方便快速。

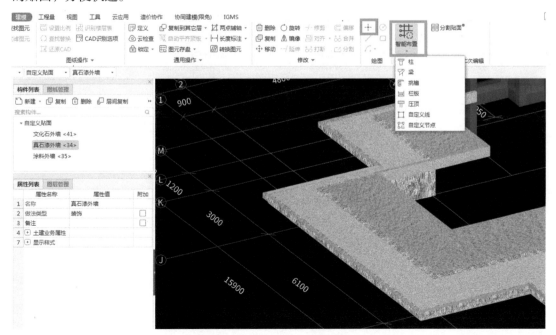

图 10-169　自定义贴面绘制方式

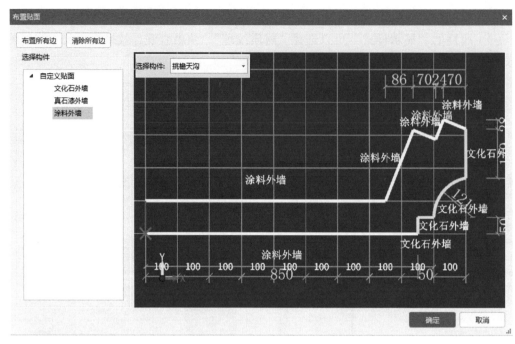

图 10-170 智能布置

5. 规则调整。

软件中内置了自定义贴面的计算规则（图 10-171），在这里可以根据工程实际情况调整自定义贴面与其他构件的扣减关系。

图 10-171 自定义贴面计算规则

6. 汇总查量。

汇总计算后，可以查看构件中土建部分、钢筋部分及自定义贴面的工程量。软件提供过程查量和结果查量，做到有证可依、有据可查。

过程查量：钢筋提供"钢筋三维"结合"编辑钢筋"功能，土建提供"查看工程量计算式"及"查看三维扣减图"功能（图 10-172），清晰直观地查看工程量的计算过程。

结果查量："工程量"中"查看报表"，软件提供"钢筋报表量"和"土建报表量"，通过"设置报表范围"选择需要输出的工程量。

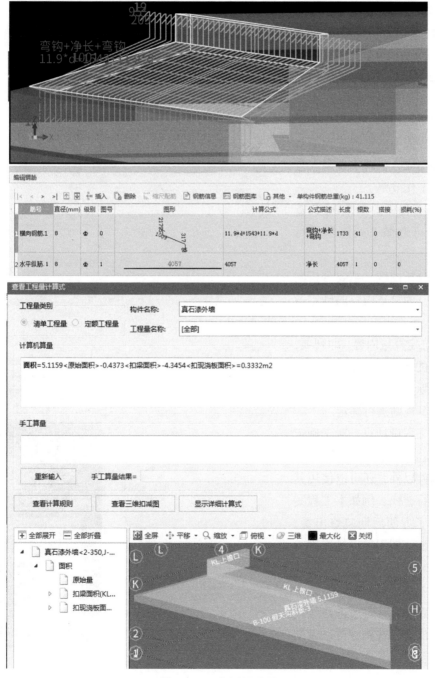

图 10-172　节点结果查看

7. 构件及图元复用。

对于已经新建完成的构件及已经绘制完成的图元都可以进行重复利用：可以利用软件提供的层间复制，进行本工程同构件的重复利用；构件列表中的"存档"及"提取"功能（图 10-173），可以实现对所选择构件的属性、截面信息及做法等存档为一个文件，实现同一工程及不同工程之间构件的复用；"图元存盘"和"图元提取"可以实现图元及构件属性同时存档为一个文件，实现同一工程或不同工程快速建立相同构件图元，也可实现多人合作，提高工作效率。

实际工程中，所有复杂造型处理均可遵循下列流程进行解决：

（1）分析图纸。主要分析图纸的特点，为算量内容的确定做准备。

（2）确定算量内容。即列项，需要注意的是：由于地区定额的差异，实际列项内容需要结合本地定额计算规则进行确定。

（3）工程量计算。对于确定的算量内容，除了使用软件提供的对应构件以外，还可以使用其他构件进行替代。例如本工程案例中，为了方便后期装修出量，三种节点统一使用异形挑檐进行构件绘制。

构件替代的原则及注意事项：要以结果为导向来选择替代的构件，保证所选构件可以做到以下三点：

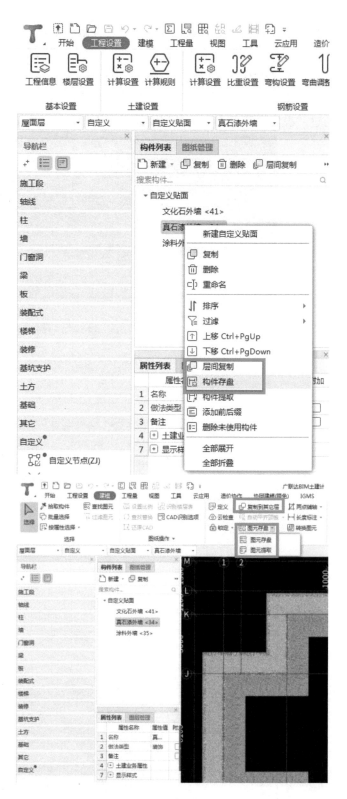

10-173　构件及图元复用

①快：节约算量时间；

②准：计算规则、扣减规则、钢筋构造等与图纸高度相似或者可以进行调整，保证算量准确。

③精：结果及过程可追溯，为后期对量核量做准备。

10.4 建模提升篇总结

通过本章节学习，您需要掌握精准算量的方法：对于工程设置，不是所有的设置都需要修改，依据图纸的设计说明及大样图进行修改，保证设置准确；依据平面图准确处理各构件的属性信息及绘制位置，依据复杂节点图准确处理节点的截面与配筋，保证抄图准确；在设置及抄图都准确的情况下做到精准算量，如图 10-174 所示。

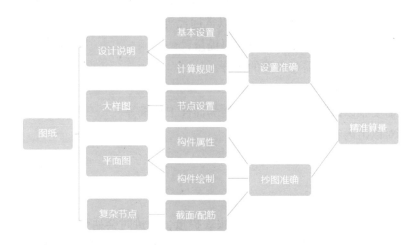

图 10-174　建模提升篇总结

第 11 章　代码提量篇

代码提量是软件提供的一种区别于报表出量的提量方式。随着工程体量及复杂程度的提升，实际工程中会有一些较为复杂的出量要求，如基础防水的提量、特殊装修部位单独提量等，通过代码可以解决上述问题。所以掌握代码提量是造价人员必会的一种灵活、简便的提量方式。下列类似情况可以考虑代码提量：

1. 软件中无法建模但是需要出量的部分。

2. 复杂、特殊的提量要求。

3. 工程量需要乘以系数或线性工程量转为面性工程量等。

本专题将对以上内容展开说明。

11.1　初识代码

代码提量能给我们带来什么？

目前大多数造价人员用的提量方式是报表提量，提量时会遇到什么困惑呢？例如：有些量软件算不出来，需要手算（例如后浇带的止水钢板），一旦发生工程变更，还得重新提量；有些量直接提不出来，需要在 Excel 表中筛选相加……其实这些困惑都可以通过代码提量解决。

下面我们通过后浇带提量的案例来初步了解报表提量及代码提量的特点。

1. 报表提量。

（1）计价软件中列项：在计价软件中各个构件后浇带分别列项，如图 11-1 所示。

	编码	类别	名称	单位	工程量
	⊟		**整个项目**		
B1	⊟	部	体积		
1	010508001001	项	现浇混凝土后浇带 梁 C40	m³	1
2	010508001002	项	现浇混凝土后浇带 板 C40	m³	1
3	010508001003	项	现浇混凝土后浇带 墙 C40	m³	1
4	010508001006	项	现浇混凝土后浇带 基础 C35	m³	1
5	010902008009	项	钢板止水带	m	1
B1	⊟	部	措施模板		
6	011702030005	项	现浇混凝土模板 现浇混凝土后浇带 梁 复合模板	m²	1
7	011702030006	项	现浇混凝土模板 现浇混凝土后浇带 板 复合模板	m²	1
8	011702030007	项	现浇混凝土模板 现浇混凝土后浇带 墙 复合模板	m²	1
9	011702030004	项	现浇混凝土模板 现浇混凝土后浇带 基础 复合模板	m²	1

图 11-1　在计价软件中列项

（2）算量软件中提取工程量：工程量需要在算量软件的"报表"中查看，手工填写到计价软件中，如果变更或画错，需要重新提量，如图 11-2 所示。

楼层	工程里名称						工程里名称			
	现浇板后浇带体积（m3）	现浇板后浇带模板面积（m2）	梁后浇带体积（m3）	梁后浇带模板面积（m2）	墙后浇带体积（m3）	墙后浇带模板面积（m2）	筏板基础后浇带体积（m3）	筏板基础后浇带模板面积（m2）	基础梁后浇带模板面积（m2）	基础梁后浇带体积（m3）
基础层	0	0	0	0	0	0	59.5749	5.5005	9.6435	0.3607
首层	25.9659	162.4915	34.1421	126.7173	4.5385	29.7445	0	0	0	0
合计	②9	162.4915	①1	126.7173	③5	29.7445	④9	5.5005	9.6435	④7

图 11-2　算量软件中提取工程量

（3）手工计算钢板止水带：在 22G101 平法图集中有两种后浇带构造，止水钢板的位置不同：下抗水压垫层构造（图 11-3），止水钢板计算两侧长度；超前止水构造（图 11-4），止水钢板计算中心线长度。

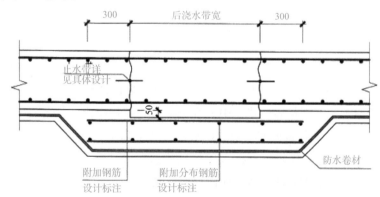

后浇带HJD下抗水压垫层构造

图 11-3　下抗水压垫层构造

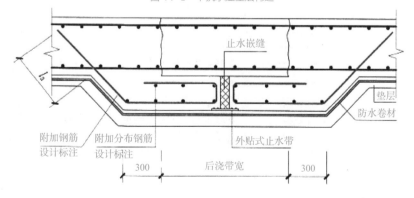

后浇带HJD超前止水构造

图 11-4　超前止水构造

确定好后浇带构造后，需要在 CAD 图纸中手动分段量取并相加（图 11-5）；有些地区需要计算止水钢板的重量，还需要计算长度 × 宽 × 厚 × 比重；对量时还得当场再量一遍，无三维模型，不方便对量。

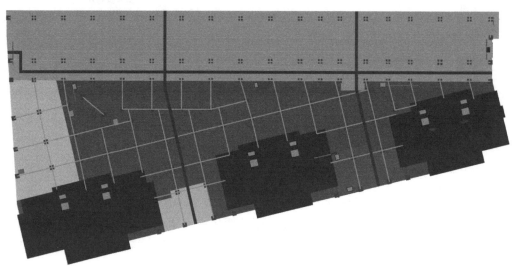

图 11-5　手工计算钢板止水带

2. 代码提量。

（1）在算量软件中列项：代码提量就是在"构件做法"下直接套取清单及定额，在"工程量表达式"中选择对应的代码。例如后浇带构件中直接套取各个构件后浇带的清单项（可以同时套取定额项），"工程量表达式"中分别选择后浇带相应代码，当工程变更或画错时，修改模型后重新汇总，工程量同时变化；止水钢板"工程量表达式"可选择后浇带代码中"后浇带左右边线总长度"代码（下抗水压垫层构造）或"后浇带中心线长度"代码（超前止水构造），如需要计算重量，多个代码进行运算即可，做到少画图多算量，如图 11-6 所示。

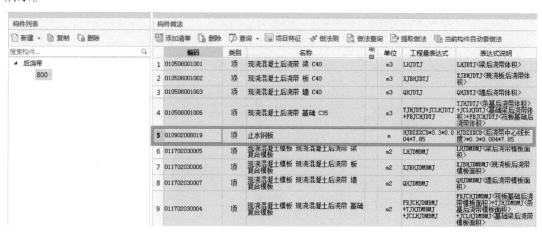

图 11-6　算量软件中列项

（2）算量工程导入计价软件：在算量软件中套取清单后，可用"导入算量文件"一键导入计价软件中，计价软件中无须再次列项，并且计价软件中可进行"反查图形工程量"，方便对量核量，如图 11-7 所示。

图 11-7　算量工程导入计价软件

代码提量能让提量工作更加高效，如图 11-8 所示。

图 11-8　初识代码总结

11.2　代码的"＋－×÷"

11.2.1　代码提量的四则运算法则是什么？

代码提量就是在"构件做法"中套取清单定额，在"工程量表达式"中选择对应代码，或者选择多个代码进行四则运算，那么代码提量的四则运算法则是什么？

四则运算主要有两种运算方式：代码与代码、代码与数字。如果是构件中套取清单，"工程量表达式"为数字与数字的运算，则不建议在"构件做法"中处理，建议使用"表格输入"；代码和代码之间可以进行加减乘除运算，代码和数字之间同样可以进行乘除运算，但加减的运算需要注意，如图 11-9 所示。

图 11-9　代码四则运算法则

加减运算需要注意什么？假设双方协商墙面 1 的工程量可以在总量上增加 3m^2，在套取墙面 1 的做法时，很多人选择墙面抹灰面积代码 +3m^2，这样计算正确吗？为方便对比，分别套取：墙面乳胶漆工程量表达式为 QMMHMJ（墙面抹灰面积）+3，以及墙面一般抹灰工程量表达式为 QMMHMJ，如图 11-10 所示。

	编码	类别	名称	项目特征	单位	工程量表达式	表达式说明
1	011407001	项	墙面乳胶漆	1.涂料品种、喷刷遍数：内墙乳胶漆	m2	QMMHMJ+3	QMMHMJ〈墙面抹灰面积〉+3
2	011201001	项	墙面一般抹灰	1.墙体类型：内墙 2.装饰面料种类：水泥砂浆	m2	QMMHMJ	QMMHMJ〈墙面抹灰面积〉

图 11-10　QM-1 做法套取对比

在绘制时分别绘制两次 QM-1，如图 11-11 所示。

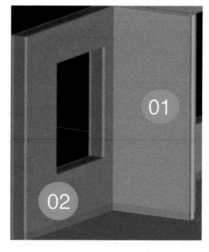

图 11-11　绘制两次墙面

查看 01 一面 QM-1 工程量结果可以看出，乳胶漆的工程量比一般抹灰多了 3m^2（图 11-12），查看 01+02 两面 QM-1 的工程量结果，乳胶漆的工程量比一般抹灰多了 6m^2（图 11-13），也就是说代码是共有的工程量，代码与数字相加减时，每绘制一次构件，就是在总的构件工程量后面加减数字 × 绘制次数；本案例需要实现总量上加减固定数值，在套取 QM-1 的构件做法时，工程量表达式只选择 QMMHMJ 工程量代码，加的 3m^2 固定的数值可以在"表格输入"里套取与 QM-1 相同的清单，在工程量表达式中输入正的或负的固定数值即可。

<table>
<thead>
<tr><th colspan="4">① 图元工程量</th></tr>
<tr><th colspan="4">构件工程量　做法工程量</th></tr>
<tr><th>编码</th><th>项目名称</th><th>单位</th><th>工程量</th></tr>
</thead>
<tbody>
<tr><td>1 011407001</td><td>墙面乳胶漆</td><td>m2</td><td>7.929</td></tr>
<tr><td>25-195</td><td>乳胶漆 抹灰面 二遍</td><td>m2</td><td>7.929</td></tr>
<tr><td>3 011201001</td><td>墙面一般抹灰</td><td>m2</td><td>4.929</td></tr>
<tr><td>410-25</td><td>墙面、墙裙 抹水泥砂浆 14+6mm 砖墙</td><td>100m2</td><td>0.04929</td></tr>
</tbody>
</table>

图 11-12　查看 01 墙面工程量

<table>
<thead>
<tr><th colspan="4">01 + 02</th></tr>
<tr><th colspan="4">构件工程量　做法工程量</th></tr>
<tr><th>编码</th><th>项目名称</th><th>单位</th><th>工程量</th></tr>
</thead>
<tbody>
<tr><td>1 011407001</td><td>墙面乳胶漆</td><td>m2</td><td>17.292</td></tr>
<tr><td>25-195</td><td>乳胶漆 抹灰面 二遍</td><td>m2</td><td>17.292</td></tr>
<tr><td>3 011201001</td><td>墙面一般抹灰</td><td>m2</td><td>11.292</td></tr>
<tr><td>410-25</td><td>墙面、墙裙 抹水泥砂浆 14+6mm 砖墙</td><td>100m2</td><td>0.11292</td></tr>
</tbody>
</table>

图 11-13　查看 01+02 墙面工程量

11.2.2　筏板基础防水的工程量如何快速提取？

算量软件中没有基础防水构件，基础防水软件是否就无法计算了？

实际上每个基础构件中，不同的代码代表着不同部位的工程量，通过代码提量就可以做到少画图多算量，例如筏板构件下的代码如图 11-14 所示。

<table>
<thead>
<tr><th colspan="2">工程量名称</th><th>工程量代码</th></tr>
</thead>
<tbody>
<tr><td>1</td><td>体积</td><td>TJ</td></tr>
<tr><td>2</td><td>模板面积</td><td>MBMJ</td></tr>
<tr><td>3</td><td>斜面面积</td><td>XMMJ</td></tr>
<tr><td>4</td><td>底部面积</td><td>DBMJ</td></tr>
<tr><td>5</td><td>水平投影面积</td><td>SPTYMJ</td></tr>
<tr><td>6</td><td>外墙外侧筏板平面面积</td><td>WQWCFBPMMJ</td></tr>
<tr><td>7</td><td>模板体积</td><td>MBTJ</td></tr>
<tr><td>8</td><td>直面面积</td><td>ZHMMJ</td></tr>
<tr><td>9</td><td>满堂脚手架面积</td><td>MTJSJMJ</td></tr>
<tr><td>10</td><td>砖胎膜体积</td><td>ZTMTJ</td></tr>
<tr><td>11</td><td>筏板防水面积</td><td>FBFSMJ</td></tr>
<tr><td>12</td><td>模板面积（按含模量）</td><td>MBMJHML</td></tr>
</tbody>
</table>

图 11-14　筏板基础代码表

这些代码分别代表哪些部分的工程量？详见图 11-15。

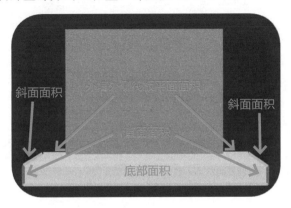

图 11-15　筏板代码

筏板构件套取做法时，除了套取混凝土和模板工程量外，还可以套取防水清单，工程量表达式选择 4 个代码相加即可（筏板没有外伸时，外墙外侧筏板平面面积工程量为 0；筏板未设置边坡时，斜面面积工程量为 0），如图 11-16 所示。

	编码	类别	名称	项目	单位	工程量表达式	表达式说明
1	010703001	项	卷材防水		m2	DBMJ+ZHMMJ+XMMJ+WQWCFBPMMJ	DBMJ〈底部面积〉+ZHMMJ〈直面面积〉+XMMJ〈斜面面积〉+WQWCFBPMMJ〈外墙外侧筏板平面面积〉

图 11-16　筏板防水做法提量

其他基础的防水（图 11-18）可以通过相同的方法进行代码提量，当不清楚代码代表哪部分工程量时，可以通过"帮助文档"（图 11-17）确定代码的含义，帮助您快速学习软件代码。

图 11-17　帮助文档　　　　　　　　　　图 11-18　帮助文档中独立基础代码含义

11.2.3　影响筏板防水代码提量准确性的因素是什么？

最初使用代码提量时，可能会遇到软件计算的筏板防水的代码工程量不正确，是什么原因呢？

筏板防水中有一个代码"外墙外侧筏板平面面积"，这个代码中需要识别出外墙外侧的工程量，软件通过什么准确判断内外侧？是通过封闭区域，同一个工程，外墙封闭时计算结果（图 11-19）是正确的，外墙不封闭的计算结果（图 11-20）包含内部平面部分，计算

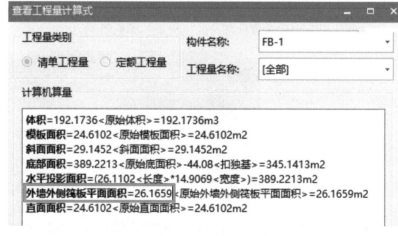

图 11-19　外墙封闭计算结果

是错误的，筏板防水代码工程量要想计算得准确，必须保证与筏板相连的外墙封闭，如果地下室车库入口等情况的外墙不封闭，可以使用虚外墙进行封闭。

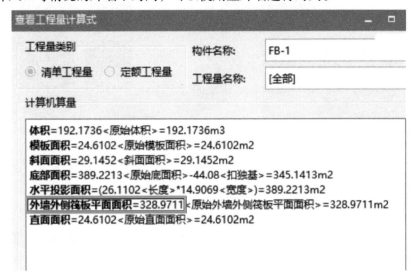

图 11-20　外墙不封闭计算结果

外墙不封闭，除了会影响外墙外侧筏板平面面积的工程量以外，还会影响砌体墙中钢丝网片、脚手架、挑檐内外面积等，也就是代码中区分内 / 外的工程量，外墙必须封闭，如图 11-21 所示。

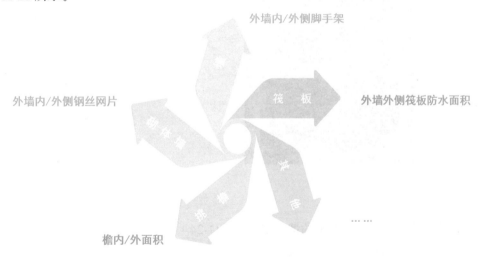

图 11-21　外墙封闭影响的工程量代码

11.2.4　软件计算的钢丝网片的工程量是否正确？

在软件里，砌体墙构件中提供钢丝网片的工程量，那软件计算得准确吗？下面通过手工计算与软件计算的对比，校验软件计算得是否正确。

手算计算钢丝网片：

（1）竖向钢丝网片有墙柱和墙墙钢丝网片，每个材质不同的地方都需要计算钢丝网片，墙柱钢丝网片长度 = 柱（墙）与墙相交两侧的净高 – 洞口高度，如图 11-22 所示。

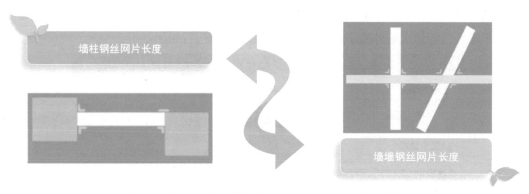

长度 = 柱 （墙）与墙相交两侧的净高 – 洞口高度

图 11-22　竖向钢丝网片计算

（2）水平钢丝网片墙梁钢丝网片的计算方法：

墙梁钢丝网片有三种情况：①非顶层无板时，内外墙均四道钢丝网片；②非顶层有板时，外墙上内侧一道、外侧两道，内墙三道；③顶层，外（内）墙两道。

长度 = 墙体净长（外墙外边线净长度），如图 11-23 所示（注意示意图为正视图）。

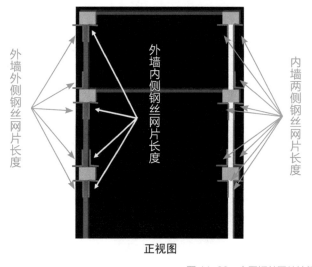

正视图

图 11-23　水平钢丝网片计算

> 01 非顶层无板

外（内）墙四道

> 02 非顶层有板

外墙上内侧一道，外侧两道；内墙三道

> 03 顶　层

外（内）墙两道

软件计算以一个非顶层有板的情况案例（图11-24）进行核算，当然，钢丝网片想要计算得准确，外墙一定要封闭。

非顶层有板的情况下，内墙计算三道钢丝网片，内墙净长为3000，手算结果为9000，软件计算"内部墙梁钢丝网片长度"的结果也为9m，如图 11-25 所示。

墙梁钢丝网片长度（非顶层有板）：外墙**内侧一道**，外侧**两道**；内墙三道

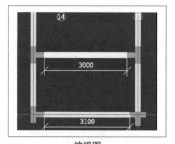

俯视图

图 11-24　非顶层有板钢丝网片计算

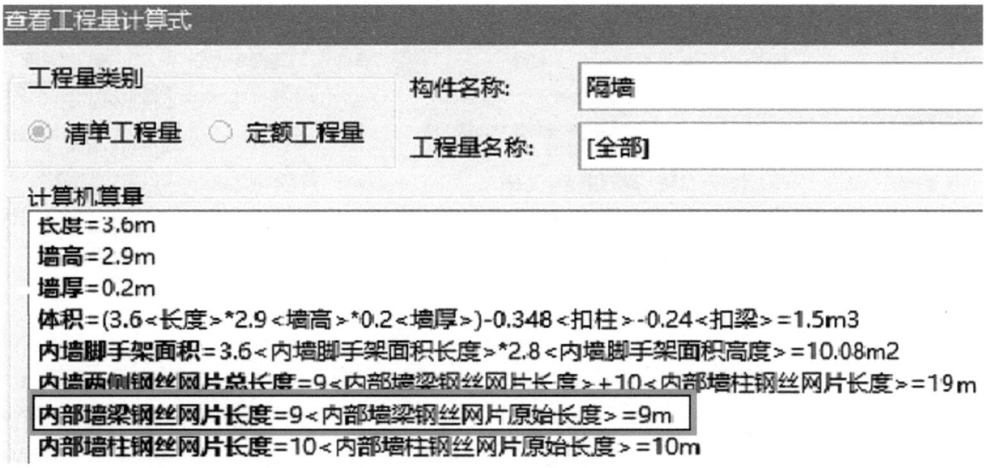

图 11-25　内墙工程量计算式

外墙净长为 3100，外墙外侧计算两道钢丝网片，手算结果应为 6200，外墙内侧计算一道钢丝网片，手算结果为 3100。软件计算结果与手算相同，"外部墙梁钢丝网片长度"为 6.2m，"内部墙梁钢丝网片长度"为 3.1m，如图 11-26 所示。

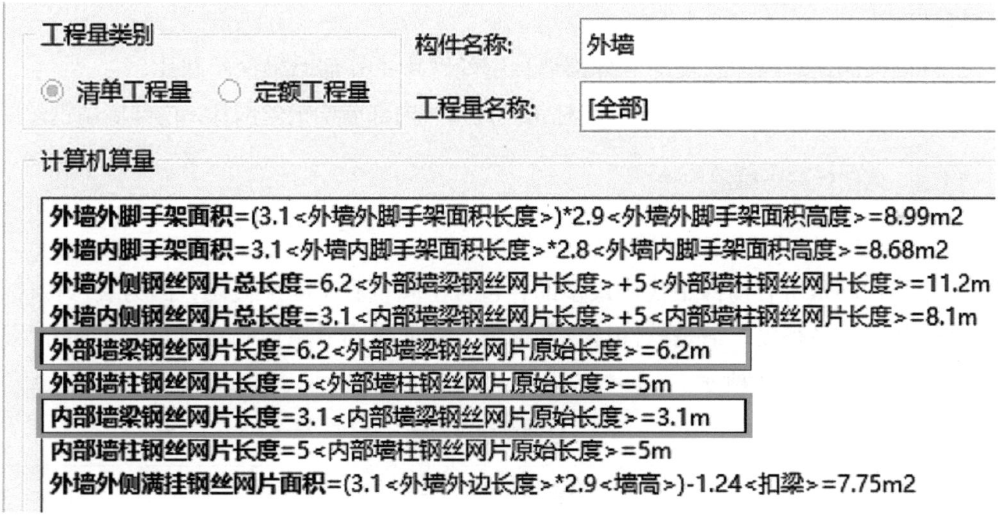

图 11-26　外墙工程量计算式

结论：通过手算结果与软件计算结果的对比得知，软件计算钢筋网片长度是准确的。

11.2.5　软件中如何快速提取钢筋网片的工程量？

代码提取钢丝网片长度非常简单：外墙分为内侧和外侧，内侧使用"外墙内侧钢丝网片总长度"，定额计算面积时，用长度代码乘以宽度，外侧使用"外墙外侧钢丝网片总长度"代码，如果是满挂，使用"外墙外侧满挂钢丝网片面积"代码（图 11-27）；内墙只需要提取"内墙两侧钢丝网片总长度"代码即可（图 11-28）。

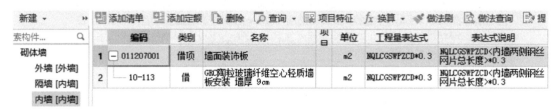

图 11-27 外墙钢丝网片做法提量

图 11-28 内墙钢丝网片做法提量

备注：

1.外墙内侧钢丝网片总长度＝外部内侧墙柱钢丝网片＋外部内侧墙梁钢丝网片＋内部墙墙钢丝网片。

2.外墙外侧钢丝网片总长度＝外部墙柱钢丝网片＋外部墙梁钢丝网片。

3.内墙两侧钢丝网片总长＝内部墙柱钢丝网片＋内部墙梁钢丝网片＋内部墙墙钢丝网片。

11.3 活用代码巧算量

11.3.1 装修的各个代码都代表什么意思？

装修的代码是所有构件中代码最多的，包含中间量有 154 个代码，因为装修构件与其他构件的扣减关系很多，清楚软件计算的原理，就能做到活用代码巧算量。下面介绍装修的主要代码，如表 11-1 所示。

常用装修代码表 　　　　　　　　　　表 11-1

报表量名称及其代码			
墙面整体面层	墙面抹灰面积（区分材质）	砖墙面抹灰面积	ZQMMHMJ
		混凝土墙面抹灰面积	TQMMHMJ
		砌块墙面抹灰面积	QKQMMHMJ
		石墙面抹灰面积	SQMMHMJ
	墙面抹灰面积（不分材质）	—	QMMHMJ
墙面块料面层	墙面块料面积（区分材质）	—	（与抹灰面积类似）
	墙面块料面积（不分材质）	—	QMKLMJ
墙身柱报表量	柱抹灰面积 (ZMHMJ)	凸出墙面柱抹灰面积	TCQMZMHMJ
		平齐墙面柱抹灰面积	PQQMZMHMJ
	柱块料面积 (ZKLMJ)	凸出墙面柱块料面积	TCQMZKLMJ
		平齐墙面柱块料面积	PQQMZKLMJ

报表量名称及其代码			
墙上梁报表量	梁抹灰面积 (LMHMJ)	凸出墙面梁抹灰面积	TCQMLMHMJ
		平齐墙面梁抹灰面积	PQQMLMHMJ
	梁块料面积 (LKLMJ)	凸出墙面梁块料面积	TCQMLKLMJ
		平齐墙面梁块料面积	PQQMLKLMJ

11.3.2 块料面积与抹灰面积的工程量差别在哪里？

通过查看墙面的"查看工程量计算式"可以看到详细的计算过程："墙面块料面积"比"墙面抹灰面积"多出门窗侧壁的工程量，如图 11-29 所示。

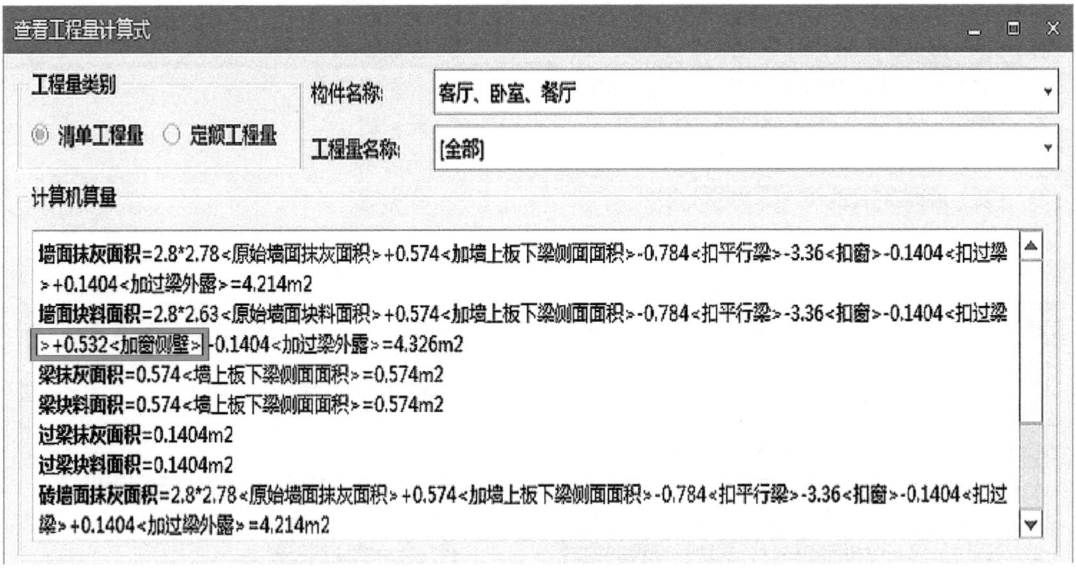

图 11-29　墙面抹灰面积和墙面块料面积计算式

软件为什么会这么计算？软件所有的运算都是由"计算规则"控制的，查看墙面的计算规则，"墙面抹灰面积与门窗侧壁扣减"是无影响的（图 11-30），也就是不增加门窗侧壁工程量；墙面块料面积的规则是"增加门窗侧壁面积"（图 11-31）。同时软件的计算规则也是根据清单及定额的计算规范进行设定的，清单规则中的墙、柱面抹灰工程量计算规则中规定：门窗洞口和孔洞的侧壁及顶面不增加面积；而墙、柱面块料面层则按镶贴表面积计算，就是按实铺面积计算。

墙面抹灰面积(不分材质)

过滤工程量: 墙面抹灰面积

	规则描述	
17	（砖）墙面抹灰面积与柱外露抹灰面积的扣减	1 增加柱外露抹灰面积
18	（混凝土）墙面抹灰面积与门的扣减	1 扣除门洞口面积
19	（砌块）墙面抹灰面积与门的扣减	1 扣除门洞口面积
20	（石）墙面抹灰面积与门的扣减	1 扣除门洞口面积
21	（砖）墙面抹灰面积与门的扣减	1 扣除门洞口面积
22	（混凝土）墙面抹灰面积与门侧壁的扣减	0 无影响
23	（砌块）墙面抹灰面积与门侧壁的扣减	0 无影响
24	（石）墙面抹灰面积与门侧壁的扣减	0 无影响
25	（砖）墙面抹灰面积与门侧壁的扣减	0 无影响
26	（混凝土）墙面抹灰面积与壁龛侧壁的扣减	0 无影响
27	（砌块）墙面抹灰面积与壁龛侧壁的扣减	0 无影响
28	（石）墙面抹灰面积与壁龛侧壁的扣减	0 无影响
29	（砖）墙面抹灰面积与壁龛侧壁的扣减	0 无影响

图 11-30　墙面抹灰面积计算规则

墙面块料面积(不分材质)

过滤工程量: 墙面块料面积　过

	规则描述	
1	原始墙面块料面积计算方法	3 按实际原始块料面积加墙顶面块料面积计算
2	（混凝土）墙面块料面积与柱外露块料面积的扣减	1 增加柱外露块料面积
3	（砌块）墙面块料面积与柱外露块料面积的扣减	1 增加柱外露块料面积
4	（石）墙面块料面积与柱外露块料面积的扣减	1 增加柱外露块料面积
5	（砖）墙面块料面积与柱外露块料面积的扣减	1 增加柱外露块料面积
6	（混凝土）墙面块料面积与门侧壁的扣减	1 增加门侧壁面积（块料部分）
7	（砌块）墙面块料面积与门侧壁的扣减	1 增加门侧壁面积（块料部分）
8	（石）墙面块料面积与门侧壁的扣减	1 增加门侧壁面积（块料部分）
9	（砖）墙面块料面积与门侧壁的扣减	1 增加门侧壁面积（块料部分）
10	（混凝土）墙面块料面积与壁龛侧壁的扣减	1 增加壁龛侧壁面积（块料部分）
11	（砌块）墙面块料面积与壁龛侧壁的扣减	1 增加壁龛侧壁面积（块料部分）
12	（石）墙面块料面积与壁龛侧壁的扣减	1 增加壁龛侧壁面积（块料部分）
13	（砖）墙面块料面积与壁龛侧壁的扣减	1 增加壁龛侧壁面积（块料部分）

图 11-31　墙面块料面积计算规则

11.3.3　“块料厚度”是否需要输入？

“块料厚度”是否需要输入？会影响哪些工程量？实际工程中这类问题都可以通过小工程测试法得出结论。小工程测试法就是新建一个结构简单、构件少（只需要绘制相关构件）、有对比的小工程进行测试，进而得出相应结论；规则的修改、属性的修改、不同画法对工程量的影响都可以通过小工程测试法进行测试，如图 11-32 所示。

图 11-32　小工程测试法

"块料厚度"是否需要修改就可以利用小工程测试法新建两个对比工程（墙厚为 200），左边工程布置外墙面 -1，块料厚度为 0；右边工程布置外墙面 -2，块料厚度为 100，如图 11-33 所示。

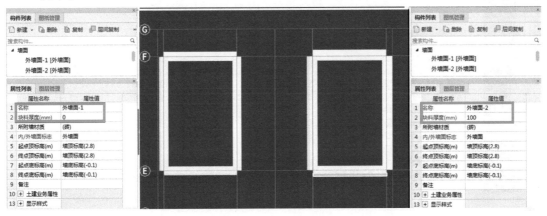

图 11-33　小工程测试法测试块料厚度对工程量的影响

通过"查看计算式"，对比计算结果（图 11-34）："块料厚度"是否输入，对抹灰的工程量没有影响，两个墙面的墙面抹灰面积相同；但墙面块料面积不同，块料厚度为 0 时，墙面块料面积与抹灰面积相同，2.9 是层高，2.7 是轴距（2500）+墙厚（200），也就是按墙外表面积计算；块料厚度为 100 时，宽度按 2.8m（2700+100）进行计算，也就是按块料中心线计算墙面块料面积。通过小工程测试法得出结论：块料厚度影响墙面块料面积工程量，输入块料厚度后按块料中心线计算面积。

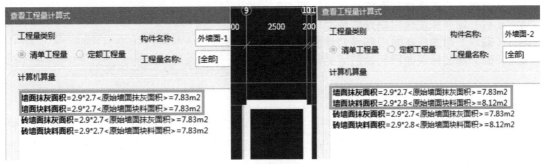

图 11-34　对比计算结果

通过建立两个简单的对比工程，利用"查看工程量计算式"及"查看三维扣减图"，得出软件计算原理及结论。

11.3.4　柱面特殊装修如何快速提量？

实际工程中有很多凸出墙面柱的装饰与墙面装饰不同（图11-35），对于凸出的柱面装饰在算量软件中应如何快速灵活提量呢？

这个问题同样可以通过小工程测试法得出结论，既然需要计算凸出墙面柱面的装饰面积，就绘制一个凸出墙面的柱子（400×400）并布置墙面，通过查看墙面计算式，具体查看墙面工程量的组成，如图11-36所示。

图11-35　特殊柱面装修

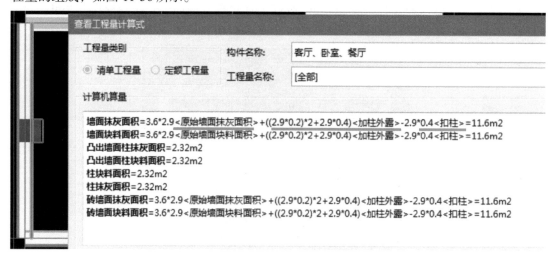

图11-36　查看墙面工程量计算式

以墙面抹灰面积为例（图11-36）：

1. 第一部分：原始抹灰面积=3.6（墙间净距离）×2.9（层高），"原始墙面抹灰面积"的计算规则如图11-37所示。

	规则描述	规则选项
1	原始墙面抹灰面积计算方法	0 按实际原始抹灰面积计算
2	原始墙面块料面积计算方法	0 按实际原始抹灰面积计算
3	（混凝土）墙面抹灰面积与垛贴墙面…	1 按外墙中心线乘以墙高原始抹灰面积计算
4	（石）墙面抹灰面积与垛贴墙面积的…	2 按墙轴线乘以墙高原始抹灰面积计算
5	（砌块）墙面抹灰面积与垛贴墙面积…	3 按实际原始抹灰面积加墙顶面抹灰面积计算
6	（砖）墙面抹灰面积与垛贴墙面积的…	

图11-37　原始墙面抹灰面积计算方法

2. 第二部分：加<加柱外露>的面积=（2.9×0.2）×2（凸出墙面柱的凸出的两个侧面面积）+2.9×0.4（凸出墙面柱的凸出的平行墙面面积），说明"墙面抹灰面积"中包含凸出墙面柱的柱面面积，如果计算式看不清楚，可以结合"查看工程量计算式"中"查看三维扣减图"功能，如图11-38所示。

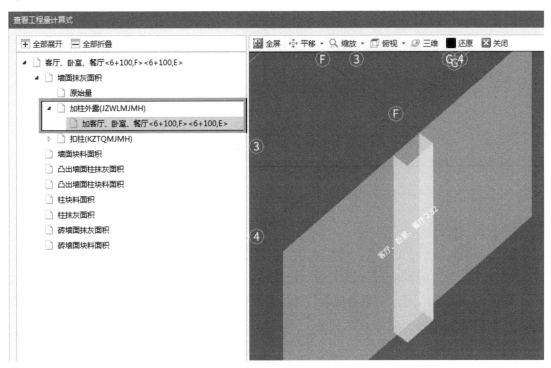

图 11-38　结合查看三维扣减图

软件中墙面抹灰面积加柱外露工程量是由计算规则（图 11-39）第 15~18 条"墙面抹灰面积与柱外露抹灰面积扣减"规则"增加柱外露抹灰面积"决定。

3. 第三部分：减＜扣柱＞面积 = 2.9 × 0.4（柱与墙重复的部分），由规则（图 11-39）第 11~14 条"墙面抹灰面积与柱贴墙面积扣减"规则"扣除柱贴面面积"决定。

图 11-39　墙面抹灰面积与柱贴墙面积、柱外露抹灰面积的扣减规则

通过以上案例可以得到一个结论：计算公式中每一个数值都由一个代码表示，每一个运算是加还是减都由计算规则控制，这就是软件的算量原理（图 11-40）。运用软件的算量原理就能做到活用代码巧提量。

每一个数值都由一个代码表示

每一个运算都由规则控制

图 11-40 软件算量原理

那么，凸出墙面柱的工程量应如何提取呢？通过以上分析，墙面抹灰面积包含柱面工程量，套取做法时，柱面为块料柱面，使用"凸出墙面柱块料面积"代码，其余墙面为抹灰墙面，使用"墙面抹灰面积"减"凸出墙面柱抹灰面积"即可，具体做法如图 11-41 所示。

	编码	类别	名称	项目特征	单位	工程量表达式	表达式说明
1	011201001	项	墙面一般抹灰		m2	QMMHMJ-TCQMZMHMJ	QMMHMJ<墙面抹灰面积>-TCQMZMHMJ<凸出墙面柱抹灰面积>
2	011204003	项	块料墙面(柱面)块料		m2	TCQMZKLMJ	TCQMZKLMJ<凸出墙面柱块料面积>

图 11-41 装修做法示意图

11.3.5 同一个构件多种做法应如何处理？

同一个构件多种做法应如何处理？比如柱、墙、梁、板等构件，同构件有区分抗渗、非抗渗；地下室部分是防水的、部分是不防水的，需要分开套用不同做法，应如何处理？

处理方法：选中需要修改做法的图元，在"土建业务属性""做法信息"中修改做法，修改过图元做法的图元模型显示为网格状，如图 11-42 所示。

11.4 代码提量篇总结

通过本章节的学习，您需要做到当对软件计算结果有异议时，不要在原有的复杂工程中进行测试，可以使用小工程测试法，结合"查看工程量计算式"及"查看三维扣减

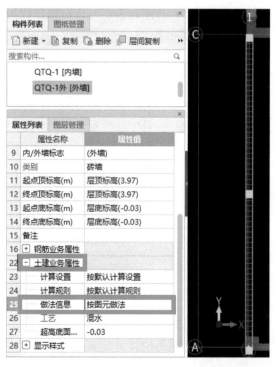

图 11-42 图元做法

图"查看计算过程，清楚软件的计算原理，理解每个代码的含义后，就能做到活用代码巧算量，如图 11-43 所示。

图 11-43　代码提量篇总结

第 *4* 篇

精通系列

精通系列适用于已经会用软件做工程，但遇到特殊复杂构件无处理思路的用户；此阶段内容以复杂构件处理流程为主线，结合实际案例工程，帮助用户轻松应对复杂多变的设计和构造，达到举一反三、产品应用融会贯通的效果。

精通系列综合前述知识，结合实际案例建模，旨在帮助用户将所学知识融会贯通，真正应用到实际工程中，本篇总结了通用复杂构件的处理流程（图3），只要掌握此流程图，即可掌握各类复杂构件的处理思路和技巧。

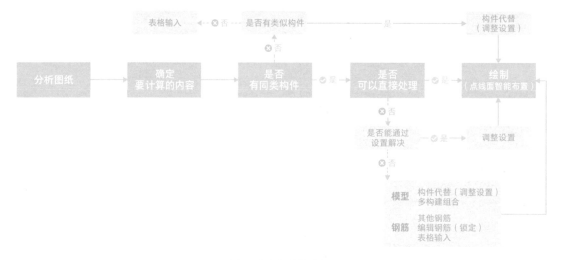

图3　复杂构件处理流程

复杂构件处理流程图解读：

任何工程建模的目的都是计算工程量，所以实际工作中应以结果为导向，根据需要计算的工程量灵活选择适宜的建模方法。采用构件自身处理烦琐的，可以考虑采用其他构件替代处理；工程量结果与图纸要求不符的，可以通过调整设置等方法解决。具体方法如下：

1. 分析图纸，确定需要计算的内容。

2. 确定列项内容是否可以直接在软件中进行处理。

3. 如果不能直接处理，是否可以通过调整计算设置进行处理。

4. 如果不能通过调整计算设置处理，是否可以通过类似构件进行替代或构件组合进行处理。

5. 对于构件本身无法直接处理的钢筋部分，可以通过表格输入、其他钢筋或编辑钢筋进行解决。

本篇将以实际案例的形式对这一思路进行验证，所有复杂构件都可以遵循此思路，实现快速建模、精准出量。

第 12 章　承台案例解析

本工程为 × × 南方城市的大规模城市综合运营项目的住宅区域，区域有 10 栋高层住宅，20 栋低层住宅，结构类型为框剪结构，总建筑面积约 30 万平方米，基础形式为地下室底板＋桩承台组合，如图 12-1 所示。

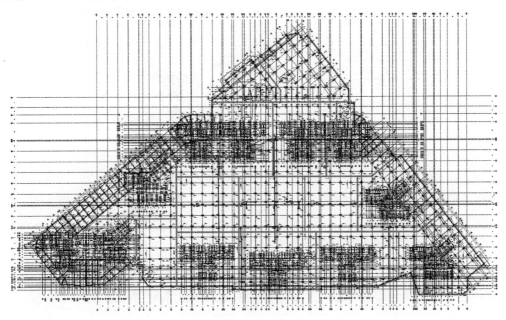

图 12-1　基础平面图

按照讲解的复杂构件处理流程，首先要分析图纸，确定要计算的内容，然后根据要计算的内容选择不同的方法进行工程量计算。

12.1　分析图纸

工程常见的承台类型按照截面样式可以分为：矩形承台、三桩承台、异形承台（图 12-2）。按照配筋形式可以分为环式配筋、梁式配筋、板式配筋，如图 12-3 所示。

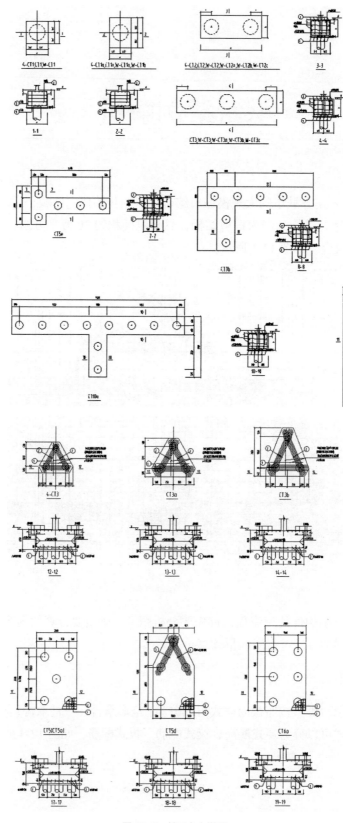

图 12-2　桩承台大样图

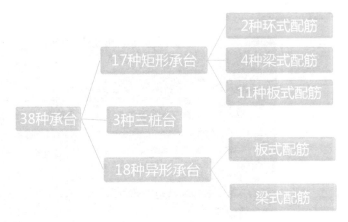

图 12-3 案例工程桩承台类型

12.2 确定算量内容

需要计算的主要工程量：混凝土、模板、钢筋。

注意：计算桩承台体积时，根据《房屋建筑与装饰工程工程量计算标准》GB/T 50854—2024 的计算规则，桩头伸入桩承台体积无须扣减，如图 12-4 所示。

项目编码	项目名称	项目特征	计量单位	工程量计算规则	工作内容
010502001	独立基础	1. 混凝土种类 2. 混凝土强度等级 3. 基础类型	m³	按设计图示尺寸以体积计算。不扣除伸入桩承台的桩头所占体积 与筏形基础一起浇筑的，凸出筏形基础上下表面的其他混凝土构件的体积，并入相应筏形基础体积内	1. 混凝土输送、浇筑、振捣、养护 2. 预留孔眼二次灌浆
010502002	条形基础				
010502003	筏形基础				
010502004	设备基础	1. 混凝土种类 2. 混凝土强度等级 3. 灌浆材料及强度等级		按设计图示尺寸以体积计算	

图 12-4 《房屋建筑与装饰工程工程量计算标准》GB/T 50854—2024

12.3 工程量计算

按照复杂构件的处理流程，大多数承台属于可以直接在软件中进行处理的构件。本节将按照承台截面样式及配筋形式，介绍不同承台的处理方式。

12.3.1 矩形承台

本工程的矩形承台分为三种：矩形板式配筋、矩形环式配筋、矩形梁式配筋，其中板式配筋是最常规的配筋方式，也是软件默认的配筋，不再多做介绍，主要介绍矩形环式配筋、矩形梁式配筋的处理方式。

此类型桩承台属于思路图中直接处理、直接出量的思路，处理流程：新建桩承台→新建桩承台单元→选择配筋形式（图 12-5）：环式配筋／梁式配筋→修改参数→绘图→特殊构造处理→汇总查量。

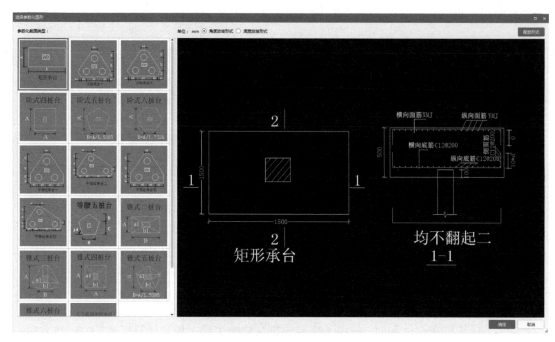

图 12-5　参数化桩承台——矩形承台

特殊构造处理：当前工程矩形梁式配筋侧面钢筋采用环式配筋，如图 12-6 所示。

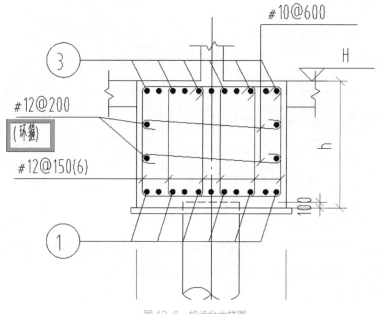

图 12-6　桩承台大样图

此处与软件默认钢筋不同，需要额外调整。按照复杂构件处理流程，钢筋部分可以采用其他钢筋、编辑钢筋、表格输入的方式进行调整。本案例采用编辑钢筋的方式进行修改，操作流程如下：

（1）绘制完成的承台汇总计算后查看"编辑钢筋"。

（2）选中要修改的侧面钢筋进入"钢筋图库"，将钢筋形状修改为箍筋类型图，输入箍筋长度等参数。

（3）根据情况修改钢筋根数。

（4）"锁定"构件，保存修改计算结果。

注意：编辑钢筋中修改计算公式后务必要对构件执行"锁定"命令，否则再次汇总计算结果会恢复到原始计算方法。

补充一点桩承台建模知识：实际工程中会遇到放坡桩承台，应如何处理呢？

一般有两种处理方式，可适用于不同的情况：

1）在新建参数化承台时，软件提供了带角度的参数化承台（图 12-7），适用于各边放坡角度一样的情况。

2）承台绘制完成后，在"建模"界面"桩承台二次编辑"模块下，软件提供了"设置承台放坡"的功能（图 12-8）。

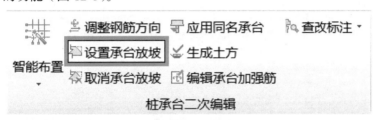

图 12-7　桩承台二次编辑

当实际工程中出现二级放坡、单边或多边放坡角度与其他边不同时，可以通过"设置承台放坡"解决，如图 12-9、图 12-10 所示。

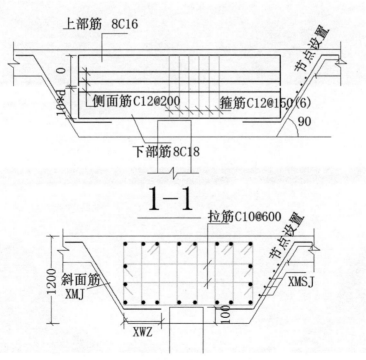

图 12-8　桩承台参数图

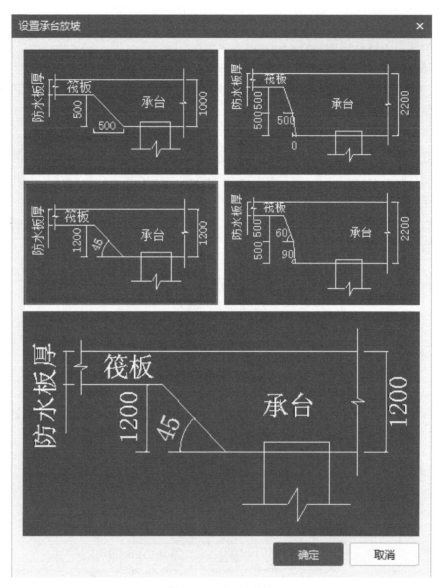

图 12-9　设置承台放坡

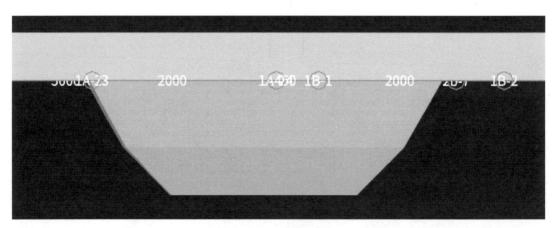

图 12-10　设置承台放坡

12.3.2　三桩承台

以案例中 CT3a 为例（图 12-11）。

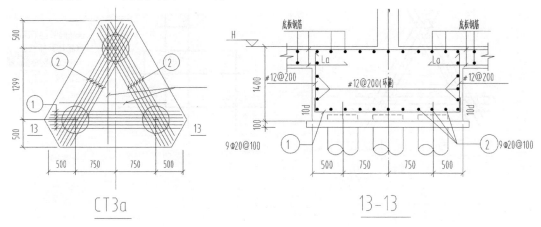

图 12-11　CT3a 大样图

（1）手算思路：

1）混凝土体积（图 12-12）：

V 体积 = S 底面积 × H 厚度 = 4.092483 × 1.4 = 5.7295 m³。

S = S 大三角 − S 小三角 × 3 = 4.525983 − 0.1445 × 3 = 4.092483 m²。

S 大三角 = L 边长 × H 高 /2 = （0.289 × 3 + 0.75）× 2 ×（0.5 + 1.299 + 0.5 + 0.5）/2
　　　　= 4.525983 m²。

S 小三角 = L 边长 × H 高 /2 = 0.289 × 2 × 0.5/2 = 0.1445 m²。

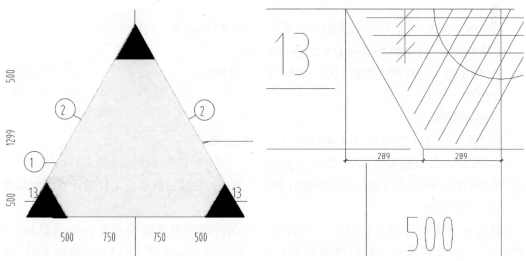

图 12-12　CT3a 混凝土、模板手算原理

2）模板面积：

S 模板 = L 周长 × H 厚度 = 7.965 × 1.4 = 11.15 m²。

L 周长 = 1.155/2 × 3 + 4.155/2 × 3 = 7.965m。

H 厚度 = 1.4m。

3）钢筋工程量（图 12-13）。

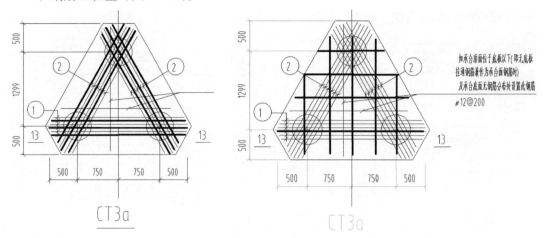

图 12-13　CT3a 桩间连接筋、分布筋

①桩间钢筋：

方法一：L 长度 = 按照最长计算 =1.5+0.5+0.5=2 m/ 根，合计 27 根。

方法二：L 长度 = 软件或 CAD 中测量，测量两点间距离，取一个平均值。

②水平、垂直分布筋：

方法一：L 长度 =L 最长、L 最短取平均值 =（2.5+0.5）/2=1.5 m/ 根。

　　N 根数 =（0.5+0.5+1.299）/0.2×2=26 根。

方法二：L 长度 = 软件或 CAD 中测量，测量两点间距离，取一个平均值。

③侧面环箍：

L 长度 = 周长 + 搭接 =7.965-0.046×6+56×12=8.36 m/ 根，合计 3 根。

L 构件周长 = 1.155/2×3+4.155/2×3=7.965m。

L= 保护层 +0.5D 侧面纵筋 =0.04+0.5×0.012=0.046m。

N 根数 =0.7/0.2=3 根。

④侧面钢筋

L 长度 = 长度 + 锚固 La=0.7+40×0.012=1.18 m/ 根。

N 根数 =N 分布筋根数 ×2 = 26×2=52 根。

可以看出，由于三桩承台形状特殊且钢筋种类多，导致三桩承台工程量计算非常烦琐。

（2）软件算量：

软件中设置了常用三桩承台，可以采用前面讲解的思路图中直接处理的思路，处理流程为：新建桩承台→新建桩承台单元→选择配筋形式（图 12-14）→修改参数→绘图→汇总查量（图 12-15、图 12-16）。

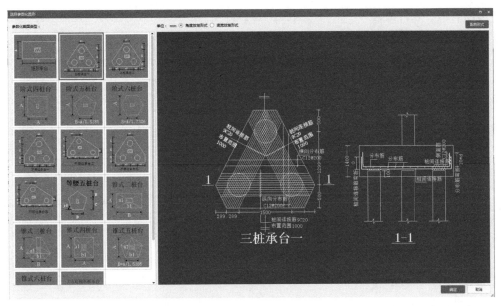

图 12-14　参数化桩承台—三桩承台

图 12-15　三桩承台计算结果—土建部分

	筋号	直径(mm)	级别	图号	图形	计算公式	公式描述	长度	根数	搭接
1	横向分布筋.1	12	Φ	64	120 ⌐ 2040 ⌐ 120	10*d+2040+10*d	锚固+水平长度+锚固	2280	1	0
2	横向分布筋.2	12	Φ	64	120 ⌐ 2271 ⌐ 120	10*d+2271+10*d	锚固+水平长度+锚固	2511	1	0
3	横向分布筋.3	12	Φ	64	120 ⌐ 2502 ⌐ 120	10*d+2502+10*d	锚固+水平长度+锚固	2742	1	0
4	横向分布筋.4	12	Φ	64	120 ⌐ 2399 ⌐ 120	10*d+2399+10*d	锚固+水平长度+锚固	2639	1	0

图 12-16　三桩承台计算结果—钢筋部分

可以看出，软件处理非常方便，且出量精准。

12.3.3 异形承台

本工程的异形承台配筋形式分为梁式配筋和板式配筋，在软件中的处理方式不同。

（1）梁式配筋。

以 CT7b 为例，承台形式为异形，配筋与梁配筋类似（图 12-17）。

这种梁式配筋承台无法直接通过一个单独的桩承台进行处理，可以考虑用两个梁式配筋的

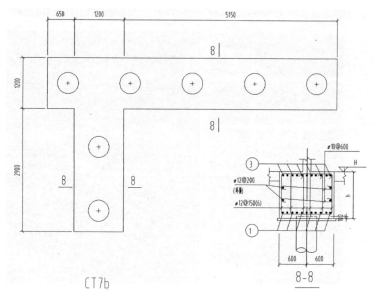

图 12-17　CT7b 大样图

矩形承台组合处理，另外还有没有更好的方法呢？回顾复杂构件处理流程是否可以采用替代处理的方式呢？在《22G101—3》平法图集中，承台梁配筋与此类承台类似（图 12-18），并且承台梁本身就是一种梁式配筋的承台，建议使用承台梁进行处理。

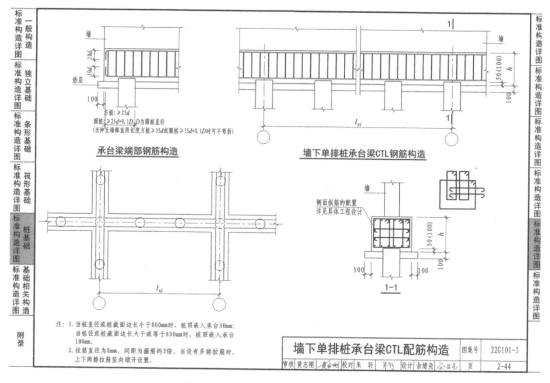

图 12-18　《22G101—3》平法图集第 2-44 页承台梁配筋构造

处理流程：新建基础梁→修改类别为承台梁→绘制→汇总查量。

（2）板式配筋。

以 CT5d 为例，承台形状为异形，配筋形式与板类似（图 12-19）。

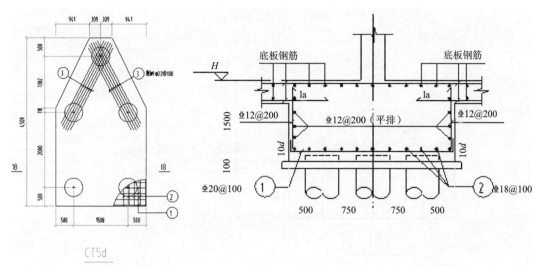

图 12-19　CT5d 大样图

按照前面讲解的思路图，此承台模型可以直接绘制，但是钢筋不能直接出量，属于需要修改钢筋的思路，另外还要考虑桩承台与防水底板的扣减。处理流程：新建桩承台→新建异形桩承台单元（或者直接新建自定义桩承台）→绘图→处理"特殊构造"→汇总查量。

特殊构造：

1）单边桩间连接筋应如何出量？

承台绘制完成后，通过工具栏 / 编辑承台单边加强筋实现，如图 12-20 所示。

2）承台增加侧面竖向钢筋、水平环形箍筋时应如何处理？

承台侧面竖向钢筋可以直接增加到底部钢筋的弯折长度中，弯折长度除了在定义属性时可以直接修改外（图 12-21），也可以在节点设置中进行修改。

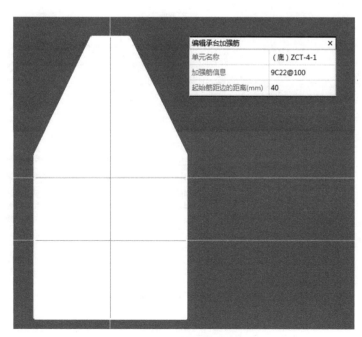

图 12-20　编辑承台加强筋

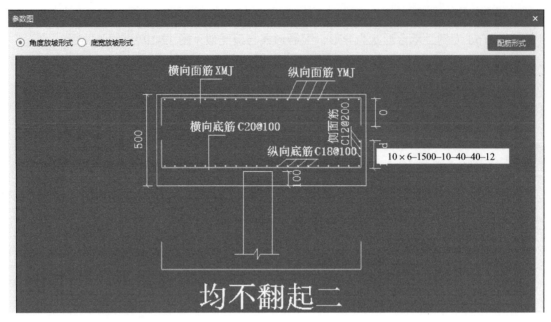

图 12-21　侧面竖向钢筋处理

水平环箍的处理方式参照矩形梁式配筋中侧面水平环箍。

3）防水底板与承台相交的时候应该如何绘制？

软件计算设置中已经考虑了构件扣减（图 12-22），防水底板与承台正常绘制，无须手动调整，软件自动进行扣减计算。

图 12-22　桩承台、筏板基础计算设置

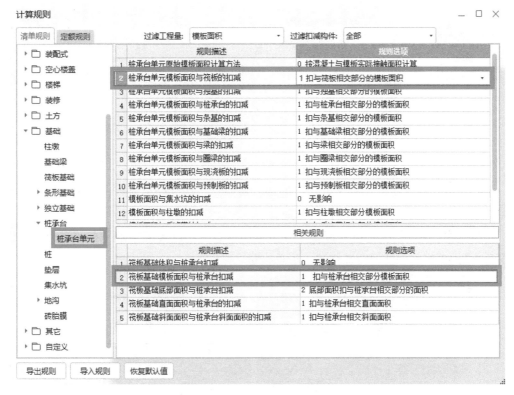

图 12-22 桩承台、筏板基础计算设置（续）

4）防水底板与承台相交的时候底板的上部钢筋连续贯通，下部钢筋锚入承台应如何处理？

在桩承台属性中，可以设置是否扣减筏板主筋，可以按照图纸设置为面筋不扣减、底筋扣减，软件按照设置自动考虑扣减（图 12-23）。

图 12-23 桩承台与筏板基础钢筋扣减

12.4 拓展内容

12.4.1 高低承台应如何处理？

对于复杂的板式配筋承台，比如高低承台（图 12-24），应该如何处理？

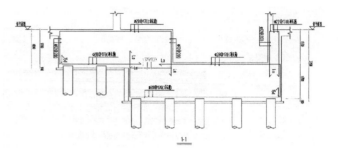

图 12-24　高低承台

在软件中无法直接使用桩承台进行处理，按照复杂构件处理流程，考虑使用构件替代解决。本案例可以使用筏板基础替代处理。

处理流程：新建筏板基础→调整厚度及标高信息→绘制筏板基础→布置受力筋→设置变截面（图 12-25）→处理特殊构造→汇总查量。

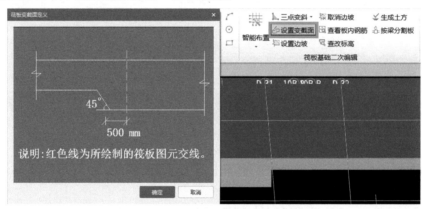

图 12-25　设置变截面

特殊构造：

（1）侧面钢筋：使用筏板属性中侧面钢筋处理，如果遇到水平环箍，处理方式参照矩形梁式承台。

（2）侧面竖向钢筋：使用筏板属性中U形构造封边钢筋处理（图 12-26）。

12.4.2　如何处理桩承台双层配筋？

在桩承台定义界面，可以新建桩承台及桩承台单元，一个桩承台可以由一个或多个桩承台单元组成。

对于双层配筋，可以在一个桩承台下方新建多个桩承台单元，修改桩承台相关属性后绘制即可（图 12-27）。

12.4.3　如何调整异形承台钢筋方向？

在桩承台二次编辑截面，软件提供

图 12-26　筏板代替桩承台

了"调整钢筋方向"的功能,可以根据需要调整钢筋方向为水平、垂直、平行于某一边等(图 12-28)。

图 12-27　桩承台定义

图 12-28　调整钢筋方向

12.4.4　桩承台遇基础联系梁时钢筋的锚固设置

在《22G103—1》平法图集第 2-49 页基础联系梁的构造中(图 12-29),基础联系梁钢筋一般是锚入基础内的柱,但是实际工程中也存在锚入基础或者贯通布置的情况,在软件中如何根据实际情况进行调整?

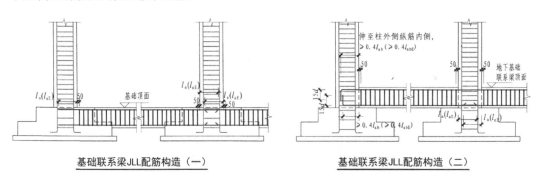

图 12-29　基础联系梁 JLL 配筋构造

针对基础联系梁,软件提供了"设置纵筋遇承台"的功能,可以按照实际需要进行调整(图 12-30)。

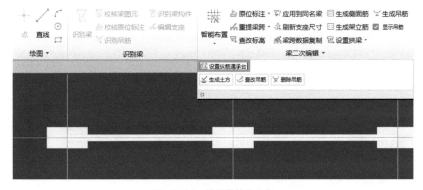

图 12-30　设置纵筋遇承台

图 12-30 设置纵筋遇承台（续）

12.4.5 承台中有集水坑时应如何处理？

在实际工程中，有时会出现集水坑布置在承台上的情况。这种情况下，可以直接将集水坑"点"画布置在桩承台上。

12.4.6 桩承台防水工程量应如何处理？

可以使用代码解决。

处理流程：新建桩承台→新建桩承台单元→定义界面套取防水做法→选择代码"底面面积"+"侧面面积"→绘图→汇总查量（图 12-31）。

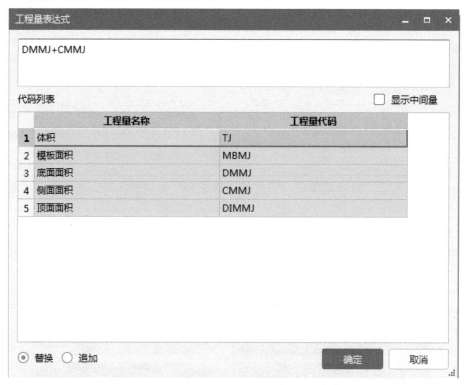

图 12-31 桩承台防水工程量计算

查看构件图元工程量　　　　　　　　　　　　　　　　　　　　　　_ □ ×

构件工程量　做法工程量

◉ 清单工程量　○ 定额工程量　☑ 显示房间、组合构件量　☑ 只显示标准层单层量

			工程量名称					
楼层	名称		数量(个)	体积(m³)	模板面积(m²)	底面面积(m²)	侧面面积(m²)	顶面面积(m²)
1	首层	ZCT-5	ZCT-5	1	0	0	0	0	0
2			ZCT-5-1	0	0.512	2.56	0.64	2.56	0.64
3		小计		1	0.512	2.56	0.64	2.56	0.64
4	合计			1	0.512	2.56	0.64	2.56	0.64

查看构件图元工程量　　　　　　　　　　　　　　　　　　　　　　_ □ ×

构件工程量　做法工程量

编码	项目名称	单位	工程量	单价	合价
1 010904002	楼（地）面涂膜防水	m²	3.2		
2 A7-106	防水工程 苯乙烯涂料二遍 平面	100m²	0.032	1128.29	36.1053

图 12-31　桩承台防水工程量计算（续）

注：实际算量过程中，复杂构件的处理方式因人而异。本章涉及内容仅供参考，并非唯一处理方式，造价人员可以根据自己的习惯选择操作方式。

本章节阐述了在实际案例中遇到复杂构件时如何借助思路图灵活处理，工程是万变多样的，新的复杂情况也会层出不穷，只有梳理出一套处理问题的思路才能以不变应万变，思路图或许还有很多改进之处，但是希望借此能给造价人员一个启发和思考，形成自己的一套思路，真正成为软件应用的高手。

精通系列相关视频二维码

土建计量高阶案例精讲合集

附　录

附录 A　BIM 土建计量平台常用快捷键

序号	BIM 土建计量平台快捷键	命令
1	F1	帮助
2	F2	定义绘图切换
3	F3	批量选择
4		点式构件绘制时水平翻转
5	Shift+F3	点式构件绘制时上、下翻转
6	F4	在绘图时改变点式、线式构件图元的插入点位置（例如：可以改变柱的插入点）；改变线性构件端点实现偏移
7	F5	合法性检查
8	F6	梁原位标注时输入当前列数据
9	F7	图层管理显示隐藏
10	F8	检查做法
11	F9	汇总计算
12	F10	查看图元工程量
13	F11	查看计算式
14	F12	图元显示设置
15	Ctrl+F	查找图元
16	Delete	删除
17	Ctrl+N	新建
18	Ctrl+O	打开
19	Ctrl+S	保存
20	Ctrl+Z	撤销
21	Ctrl+Y	恢复
22	Ctrl+L	视图：左
23	Ctrl+R	视图：右
24	Ctrl+U	视图：上
25	Ctrl+D	视图：下
26	Tab	标注输入时切换输入框
27	Ctrl+=（主键盘上的"="）	上一楼层
28	Ctrl+−（主键盘上的"−"）	下一楼层
29	Shift+ 右箭头	梁原位标注框切换

续表

序号	BIM 土建计量平台快捷键	命令
30	Ctrl+1	钢筋三维
31	Ctrl+2	二维切换
32	Ctrl+3	三维切换（三维动态观察）
33	Ctrl+Enter	俯视
34	Ctrl+5	全屏
35	Ctrl+I	放大
36	Ctrl+T	缩小
37	Ctrl+F10	显示隐藏 CAD 图
38	滚轮前后滚动	放大或缩小
39	按下滚轮，同时移动鼠标	平移
40	双击滚轮	全屏
41	~	显示方向
42	空命令状态下空格键	重复上一次命令
43	SQ	拾取构件
44	CF	从其他层复制
45	FC	复制到其他层
46	PN	锁定
47	PU	解锁
48	CO	复制
49	MV	移动
50	RO	旋转
51	MI	镜像
52	BR	打断
53	JO	合并
54	EX	延伸
55	TR	修剪
56	DQ	单对齐
57	DQQ	多对齐
58	FG	分割
59	DH	导航树
60	GJ	构件列表
61	SX	属性
62	OO	两点辅轴
63	ZZ	柱：点式绘制
64	GZ	构造柱：点式绘制
65	QTZ	砌体柱：点式绘制

续表

序号	BIM 土建计量平台快捷键	命令
66	QQ	剪力墙：直线绘制
67	ZQQ	砌体墙：直线绘制
68	AL	暗梁：点式绘制
69	CC	窗：精确布置
70	LL	梁：直线绘制
71	PF	梁：原位标注
72	TK	梁：重提梁跨
73	SZ	梁：删除支座
74	SZZ	梁：设置支座
75	TM	梁：应用到同名梁
76	CM	梁：生成侧面筋
77	DJ	梁：生成吊筋
78	GD	梁：查改吊筋
79	EE	圈梁：直线绘制
80	BB	现浇板：直线绘制
81	JB	现浇板：矩形绘制
82	TMB	板受力筋：应用同名板
83	JH	板负筋：交换标注
84	FW	板负筋：查看布筋范围
85	HH	楼层板带：直线绘制
86	FF	基础梁：直线绘制
87	MM	筏板基础：直线绘制
88	BJ	筏板基础：设置变截面
89	BP	筏板基础：设置边坡
90	WW	基础板带：直线绘制
91	ZS	基础板带：按柱下板带生成跨中板带
92	ZX	基础板带：按轴线生成柱下板带
93	KK	集水坑：点式绘制
94	YY	柱墩：点式绘制
95	DD	独立基础：点式绘制
96	TT	条形基础：直线绘制
97	UU	桩：点式绘制
98	JDD	后浇带：直线绘制
99	TYY	雨篷：直线绘制
100	YDD	压顶：直线绘制
101	W	尺寸标注显示隐藏

附录 B　BIM 土建计量平台常见问题集锦

1. 新建工程时计算规则选择错误，需要重新修改，应如何操作？

点击左上角的软件图标，出现下拉菜单后选择"导出工程"功能后重新选择计算规则 / 库，如图 B 所示。

图 B　导出工程

2. 柱汇总计算时报错提示：直筋长度的计算结果小于 0，应如何处理？

方法一：在柱属性 / 钢筋属性中将"插筋构造"修改为"纵筋锚固"，可以计算出钢筋工程量。但是设置插筋和纵筋锚固计算出来的结果是有量差的，可以在编辑钢筋中手动添加手算的长度或者在单构件输入界面手动添加。

方法二：如果发现与柱相交有比较高的基础构件（例如条形基础），将条形基础利用楼层 / "图元存盘"进行存盘，柱正常汇总计算后锁定；再把条形基础通过楼层 / "图元提取"进行提取。

方法三：如果是构造柱，在工程设置 / 计算设置 / 砌体结构 / 是否属于砖混结构，否改为是，再汇总计算。

方法四：在柱属性 / 钢筋业务属性 / 计算设置中修改"抗震柱纵筋露出长度"为 0。

3. 怎么找到备份工程？

在软件左上角 GTJ 图标下的"选项" / "文件" / "备份文件设置"中点击"打开备份文件夹"，即可自动打开备份文件夹；找到需要的备份文件，复制到桌面，点击鼠标右键重命名，将后缀的".bak"删除后即可打开。

4. 一个工程中绘制的部分图元想要在其他工程中重复使用，应如何操作？

操作步骤如下：

（1）点击"建模"/"通用操作"/"图元存盘"；

（2）在绘图区选择需要存盘的图元，选择完毕后鼠标右键确定；

（3）点击鼠标左键指定插入点，弹出"图元存盘"对话框；

（4）选择目标文件夹，输入文件名后点击"保存"，即可将所选范围内构件图元进行保存。

备注：①选择图元时，可通过"跨图层选择"功能，选择多种构件类型的图元进行存盘，实现 2013 系列算量软件中"块存盘"的效果；②此处的图元选择支持多种选择方式，可采用框选、F3 批量选择、点选等。

5. 点画房间的时候提示：不能在非封闭区域布置，如何检查非封闭区域？

方法一：一般情况下先隐藏柱，把墙体放大，检查柱的位置有没有绘制墙体，如果没有，补画墙体；如果有，检查墙体与墙体之间的连接处有没有缝隙。

方法二：对于图纸中不需要封闭的区域，可以用虚墙分割，再点画房间即可。

6. 为什么图元显示网格状？

图元修改过计算设置、节点设置或锁定后，会以网格形式显示。如果需要调整，可以在"工具"/"选项"/"绘图设置"/"其他设置"中将"锁定"/"修改计算设置图元显示网格"的对勾去掉。

7. 一个工程中有两种不同的层高，如何分区域绘制？

在工程设置 / 楼层设置界面，单位工程列表中添加多个单位工程。每个单项工程的楼层、混凝土强度和锚固搭接都可以单独设置。

8. GTJ 2021 能否打开 GTJ 2018 的工程？

可以。GTJ 2021 为 GTJ 2018 的高版本，GTJ 2018 的工程打开后可另存为 GTJ 2021 版本工程。

9. 如何查找图元？

点击菜单栏"建模"/"通用操作"/"查找图元"，在弹出的对话框中选择要查找的构件类型、图元名称、图元 ID 等，点击"查找"或使用快捷键 Ctrl+F，即可显示查找后结果，双击可以定位到图元。

10.汇总计算后，报表中柱体积为 0，为什么？

方法一：查看柱的计算式中是否扣减墙体积。如果是，切换至工程设置，查看是否由柱与墙的扣减关系所致，根据实际情况进行规则修改。

方法二：柱属性中材质为空，重新选择即可。

11.BIM 土建计量平台中块存盘和块提取功能在哪里可以找到？

可以利用"跨图层选择"+"图元过滤"，结合选择功能进行选择后，执行"图元存盘""图元提取""复制""镜像"等操作。

用户书评

在本书的编写过程中，我们也得到了广大用户的积极支持，给我们提出了很多建议，再次感谢用户的支持与厚爱！

《广联达算量应用宝典——土建篇》读后感悟颇深，之前对梁识别功能、板配筋操作命令不是很熟悉；读完后对上述相关操作已熟练掌握。宝典内容丰富，涵盖范围广；我已将宝典中相关内容操作熟记于心，能够将相关操作举一反三、融会贯通。心中深深地体会到：软件操作要活学活用；印象较为深刻的是宝典中提到的常用快捷键功能，其中很多快捷键的设置大大地提高了我日常做工程的效率。此宝典将软件 BIM 土建计量平台进行全面解析，相关操作尽收眼底，是一本适合广大 BIM 土建计量平台用户阅读的书籍。

吉林省　谢楠

广联达算量应用宝典不仅解决了我很多的疑难问题，更让我确定掌握了之前不太会用和不太敢用的功能，以前画图一直没修改过砌体类别和材质，感觉彼此间没什么区别，在梁与暗柱和剪力墙交接如何设置支座这个问题上也一直模棱两可。有了这本宝典可以直接找到我想要的东西，不用再像以前那样需要各种电话咨询，从而节省了很多时间。算量更快、更准确、更容易了，操作方便更能节省时间和提高作图速度，更好地完成工作任务。

希望广联达公司能更好地发展，更好地为我们造价人提供方便！

吉林省　慈磊

一次偶然的机会，我得到了《广联达算量应用宝典——土建篇》这本书，有了一些感触，在此和大家一起共勉。

我认为这本书主要有以下几个亮点：

1. 知识点系统、框架结构完整。本书给出了软件画图的整体思路、基本思路，不同阶段都有哪些重要的构件图元，构件图元定义绘制的主要步骤、关键点，让使用软件更高效。

2. 知识点难易程度的阶梯性。这本书主要有玩转系列、高手系列、精通系列三大系列，由易到难，循序渐进，不同水平阶段的预算员都可以使用查阅，同时也是新手变高手、高手变老手的必备秘籍。

3. 知识点提问频率的典型性。书中提到的很多问题，都是在各个预算群、服务新干线中提问频次非常高、非常经典、非常具有代表性的问题。例如：如何准确计算基础防水、如何准确计算钢丝网片等。所以说，此书的内容有的不仅仅是广度，同样具有深度。

感谢为此书出版付出汗水的广联达公司的兄弟姐妹，谢谢你们！

祝福广联达公司和广大预算同仁的明天更加精彩，让我们一起加油！

河北省　李飞

普通预算员与预算高手的差别在于专业知识的多寡、全面和精细。《广联达算量应用宝典——土建篇》一书，按照一般工程预算算量顺序、步骤，软件各功能的操作使用方法，以及工程算量过程中常见的问题和解决方法、建筑工程的基本知识来进行编写，简明扼要，细致全面，由会用到精通，对造价人员专业技能有很大的增益。

一本书，只要能够给你带来帮助，使你获得收益，那么就是一本好书。通过此书的学习，可以使你工程算量的条理更加清晰，计算时间缩短，基本知识更加明确，助你更快地成为算量计价高手。

愿广联达工程造价软件是工程造价人的软件，工程造价人是广联达造价软件使用的造价人。

河北省　张保来

很幸运的机会，得到一本《广联达算量应用宝典——土建篇》，这本书写得很好，最深刻的感受就是不看会后悔，这真的是一本土建造价员必需的"算量神器"！

应该说我是广联达软件的老用户了，从2001年起一直应用至今，20多年来，算量软件不断升级、不断改进，跟随时代的步伐，也更加关注用户的感受和操作可行性；经过不断地完善和改进，现在已经把GCL2008和GGJ10.0融合在一起，做了一个大飞跃，合成了BIM土建计算平台。这种整合彻底改变了原来的GGJ10.0与GCL2008，土建经历算量分离改成算量二合一，真正实现了一体化。BIM土建计算减少了造价人员来回切换软件中的探索，更加方便，从而实现了土建计量的核心价值，真正做到量筋合一，快速提高了工作效率，也切实缩短了工程周期。

这本书真正地实现了指导学习软件的各种功能，从前期准备建模到最后的汇总报表，全过程进行了详细的讲解，我认为最核心的部分是"高手系列"和"精通系列"，真真切切地把一个新手培养成一名算量高手，实际操作中遇到问题，看看这本书就可以得到解答。

两个附录也很实用——BIM土建计量平台常用快捷键、BIM土建计量平台常见问题集锦。

真正地帮助软件使用者解决常见问题，真正做到细节处理，从而成为一名算量高手。

最后，感谢广联达的贴心服务，细致周到地送书上门，感谢该书的编写人员，感谢你们的付出，提高了我们用户的工作效率，缩短了学习周期。

衷心感谢！

黑龙江省　于文

非常有幸成为本次《广联达算量应用宝典——土建篇》的体验用户，第一时间看到送来的书和精美礼物，就迫不及待地看了起来。本人从 2008 年开始从事造价行业，见证了广联达的图形从 8.0 到 2008，再到 2013，直到现在的 BIM 土建计量平台的整个历程，在 BIM 土建计量平台广告宣传时就满怀期待，GTJ 终于实现了量筋合一。

一次建模，一次修改，业务统一，功能统一，操作更便捷，汇总速度快，本书的优点在于从基础到进阶到实际应用都有着对应的分类，用文字和图片相结合的方式，把软件的操作详细化、具体化，无论是对于初学者，还是工作多年的预算员都十分有帮助，随学随用，温故而知新。

愿广联达为建筑行业做出更大的贡献。

黑龙江省　鞠连鑫

我是从 2004 年开始接触广联达软件的，至今也有 15 年的时间，也算是广联达大家庭中的一员了，软件换了一代又一代，定额也换了几次，软件的功能也随之不断完善，让大家用起来更加得心应手，从钢筋、图形两个模块的几代研发和不断升级，到现在的二合一云算量，图形算量出现革命性的改变，让大家的效率有了很大的提升。

我接触到广联达图形算量是从最初的 GCL8.0\GGJ9.0、GCL2008\GGJ2009、GCL2013\GGJ2013，到现在的 BIM 土建计量平台，每个模块不知更新了多少次版本，对软件的熟悉还是 2013 版本和二合一的比较多一些，对于前期的软件并没有过多地去研究工程量准确度。平时工作中遇到最多的问题就是，甲乙双方对量中存在的争议问题，如：汇总方式是中心线还外皮尺；工程设置中的抗震等级和烈度的对应关系；钢筋排布时，四舍五入加 1 和向上取整加 1；基础构件、板、非框加梁、构造柱是否为抗震构件；模板超高量不太明确，特别是楼梯间的边梁，取最下层板；人防构件的一些要求；植筋数量计算不太准确；分区域时，筏板、梁、板钢筋预留问题等。

而这本书能解决的问题有：

1. 让初级人员快速掌握从新建工程、工程设置到各种构件输入的方法。

2. 让中级人员掌握 CAD 导图快速识别构件方法，并详细地列出在识别构件时可能出现的问题及解决方法。尤其是复杂图中梁图元密集并被分为 XY 向两张梁图时，梁的识别方法更方便。

3. 精通系列案例更适合高级人员对特殊构件的处理。

4. 挑檐和线性构件对一些特殊构件的处理更加方便。

5. 构造柱中的门边柱标高不用再去手动设置了。

6. 装饰做法中自定义贴面能让你找到你想要的工程量。

总之，这本书能够让你在短时间内快速掌握软件的应用，为你解决算量工作中的一切难题。

同时这本书的优点还有以下几点：

1. 它涵盖了不同阶段的算量方式，章节划分比较合理，不管是初学还是已经从事多年的造价员都可以在这本书中获取知识点，可快速将一个算量小白提升到熟手阶段。

2. 它对于算量中每个构件节点的处理都有详细的操作方法，难处理的复杂节点也有详细介绍，对于复杂节点不会处理的初级造价人员帮助很大。

3. 不仅是软件算量，这本书还涉及手算部分，当软件跟手算作比较不一致时，能轻松地找到自己的错误。

4. 在书的最后还给出了软件快捷键的命令，加快了绘图输入。

这本书在任何时候都能帮你解决工作中的疑惑，让你成为预算高手。

山西省　段文林